生きもの
ハイウェイ

はじめに

私は、生き物の通り道のことを「生き物ハイウェイ」と呼んでいる。それは、私たちが生活しているすぐそばに、まるで毛細血管のようにして張り巡らされている。そこら中で見かける自動販売機や道路標識、ときにはセーターや郵便受けの中にまで、道がある。私たちにとって、そこはハイウェイと呼べないかもしれない。しかし、生き物にとっては、立派な「ハイウェイエイコース」なのだ。

本書では、私たちが毎日のように目にしている場所に、生き物の通り道がたくさん広がっていることを知ってもらったり、その世界を想像してもらったりすることを最大の目的としている。

ただ、私は各地で自然解説を行ってはいるものの、ホームグラウンドは東京なので、季節感や動植物は、そこを基準として文章を書いていることはご了承いただきたい。しかし、この本に登場する生き物や環境は、日本各地に共通のものが多いので、皆さまがどこの地域にお住まいでも、さほど違和感を感じないと思う。

「ここに生き物の道があるかもしれないな」と、ぜひ外に意識を向けてみてほしい。バスを待つ10分間、駅の改札口で人を待つ20分間、渋滞中に車内で過ごす30分間などが、きっと愉快なひとときに変わるはずだ。スマートフォンから目を離して空を眺めてみるだけでも、たくさんの発見がある。通勤の途中でも、ショッピングのさなかでも、緑地や歩道などで立ち止まり、意識してまわりを眺めてみると、ここにも、あそこにも、生き物の通り道があるものだ。そして、眺めている間にも、きっと昆虫や野鳥などが通るだろう。屋内でも、生き物の通り道を探すことはできる。トイレに座っているとき、オフィスでパソコンの画面を見ているとき、近くの窓の外に目を向けているときなどに、それは、いくつも見つかる。

この世は、私たち人間だけのものではない。無数とも言える人間以外の生き物も暮らしている。そして、それらの多くは、こちらから遠くへ探しに行かなくても、私たちと、時間と空間を共有しているものなのだ。

私は、自然観察ほど多くの人々が一生続けられる楽しみは、そう多くないと思っている。たとえ仕事に忙殺されていても、歳をとって足腰が弱くなっても、場合によっては病院に入院しても、基本的にはできることなのだ。

「生き物ハイウェイ」の存在を感じることをきっかけに、そして人生の楽しみのひとつに、ぜひ日々の自然観察を加えていただけたら嬉しい。この世はまさに、ワンダーランドなのだ。

目次

自動ドアを通過する
SF的ツバメの出現

建物と建物の隙間
自動販売機
空
電柱
植え込み
電線
街灯
ネオンサインのまわり
自動ドア

不気味な鳴き声で開幕する
ムササビのショータイム

大木の幹
手水舎
床下
建物の外壁
案内板
屋根
石碑、石燈籠
墓石
土の地面
屋外トイレの外壁
空

地中に広がるモグラの
トンネルネットワーク

川の上
草はら
地中
看板
土のグラウンドや芝生
川にかかる橋の上
川にかかる橋の裏側
ヨシ原
水中

1章
住宅街

120
カン・ビン

電　線
P12
屋　根
P14
街　灯
P24
生　垣
P23
電　柱
P13
塀、フェンス
P19

建物の外壁
→P17
空
→P16
道路標識
→P20
自動販売機
→P21
ゴミ置き場
→P26

電線

街なかに張り巡らされている電線は、電気の通り道であると同時に、生き物の通り道でもある。

ここを通る生き物の代表とも言えるのが、ハクビシンだ。ジャコウネコ科の動物である。ジャコウネコ科は、ネコという言葉がついてはいるが、ネコとは別のグループだ。ハクビシンの特徴は、胴長短足で尾が長く、鼻も長めで、立ち止まるときには後ろ足がかかとまで接地する。体長は約60センチ、尾まで入れた全長は約1メートルで、北海道、本州、四国、九州などに分布している。都会にもたくさんいる。東京の新宿、渋谷、池袋などでも普通に見られる。東南アジア原産で、明治時代前後に、日本に持ち込まれたと考えられている。もともと木の上などが主な活動場所のハクビシンにとって、電線は「けもの道」のようなものだろう。すばらしいバランス感覚で、毎日のように綱渡りを繰り返している。たいていは夜間歩き回るが、ハシブトガラスなどに追われて、日中に見かけることもある。以前、お昼ご飯を食べに行こうと私の事務所の玄関のドアを開けたら、目の前に大きなハクビシンがいてひどく驚いたことがある。

ところでハクビシンは、なぜ電線を歩いても感電しないのだろう。感電の原因は電圧差だ。1本の電線に流れる電圧は一定で、ハクビシンと電線の間に電圧差が生じないため、大丈夫なのだ。もし片足だけ別のものに触れていれば、感電してしまう。

もしかしたら、ハクビシンは、江戸時代に妖怪と考えられていたのかもしれない。江戸の書物に、落雷とともに現れると伝えられた「雷獣」という妖怪が描かれている。この正体がハクビシンである可能性は、かなり高い。「雷獣」の記述にある、体の長さが二尺前後、つまり約60センチであること、タヌキに似た風貌で鋭い爪を持つなどという特徴がハクビシンと酷似しているからだ。もしそうであれば、明治時代以前、すでに日本で野生化していたか、持ち込まれていたか、あらゆる可能性が考えられるが、その真相は定かではない。

電柱

電柱は、素材から見ると、コンクリート柱、鋼管《こうかん》柱、鋼板《こうはん》柱、木柱に分かれる。現代では、低コスト、長寿命のコンクリート柱が大半を占めるが、地方に行くと、木柱もまだけっこう見かける。ホーロー看板の似合う懐かしい電柱だ。このようにさまざまな素材の電柱が至るところに立っているが、それらにも、よく見ると生き物の通り道がある。

小さなものでは、ナメクジやカタツムリが日常的に歩き回っているし、セミもよくとまる。ナメクジやカタツムリは、カルシウムをとるためにコンクリートを削って食べるので、コンクリート柱は、それらにとって、通り道であると同時に餌場でもある。毎回、食べる量はごくわずかなので、電柱が倒壊するおそれはない。

大きなものでは、アオダイショウが巻きついていたり、ハクビシンが登り降りしたりする。

また、正確にはとまっているだけで、そこを移動しているわけではないが、一番上に、野鳥もよくいる。そのため、バードウォッチングのときには、電柱も重要なチェックポイントとなる。とくに、ワシ、タカ、フクロウなどの猛禽類がよくとまっている。それらは、単に休んでいる場合もあるが、そこで餌になるネズミなどの小動物を狙っていることもある。猛禽類にとって、電柱は、見張り場でもあるのだ。

屋根

私の母の実家は、名古屋だ。子どものころ実家で寝ていると、真夜中になってときおり天井裏から「トットットッ」という音と、それに続いて「サーサーサー」という音が聞こえてきた。『ゲゲゲの鬼太郎』に夢中になっていたころなので、これは絶対、古い家にすむ妖怪だと思っていた。

音の正体は、「トットットッ」のほうがクマネズミ、「サーサーサー」のほうが食べるためにそれを追うアオダイショウだった。当時、実家はコメ屋だったので、これらの生き物がけっこういたのだろう。

天井裏には、ハクビシンやアライグマもよく入る。とくにアライグマは最近とても増えて、あちこちの家にいる。最初は音だけだが、そのうち、悪臭が伴いだす。室内から天井を見ると、特定の範囲に雨漏りのあとのようなシミができていて、それが日増しに大きくなる。こうなったら、すぐに業者を呼んで調べてもらったほうがいい。アライグマが子どもを産んで育てているかもしれないからだ。基本的に夜行性なので、日中であれば、親もそこにいるだろう。建物外への出口を塞いでから作業に取りかかると効率的

だ。アライグマには気の毒だが、仕方ない。

郊外であれば、同じような場所にムササビも入ることがある。我が家の天井裏には天狗様がいらっしゃると思えば、同居も楽しいかもしれない。ムササビは天狗のモデルとも言われているのだ。

屋根の上は、野鳥がよく歩く。スズメやハシブトガラスなどのほかに、ウミネコも歩く。鳴き声がネコに似ているため、この名前がついた。ウミネコはカモメの仲間で、海からかなり離れた家の屋根にもやってくる。そこに営巣するものもいる。そこの家の住民は、内陸の街にいながら、漁村にいる気分を味わうことができる。しかし、やがて、どこからか運んできた生魚のにおいと大量の糞に苦しむことになる。

空

空を通るのは、飛行機やヘリコプターばかりではない。試しに日中、公園のベンチに腰かけて、15分間ぐらい空を眺めてみよう。想像以上にいろいろな生き物が通ることがわかるだろう。

まず、鼻にぶつかりそうなほど低い空を通るものは、主に昆虫だ。ハエ、カ、チョウ、トンボが多い。トンボは、こちらがあまり動かなければ、顔などにとまることもある。下から間近に見ると、トンボもなかなか迫力がある。さすが肉食の生き物で、少し怖いぐらいだ。

そして、地上から2、3メートルぐらいの高さは、鳥がよく通る。スズメ、ドバト、ハシブトガラスなどに加えて、メジロ、シジュウカラ、ヒヨドリなどが通過する。「ギー、ギー」と鳴きながら波状《はじょう》飛行をしているのは、コゲラという小さなキツツキだ。大都会にもいる。自然観察会などで「街にもキッツキがいます」と発言すると、たいてい「うそでしょ」と言われる。ほんとうなのだ。ウソなら、キツツキではなくウソツキになってしまう。

さらに、はるか上空を、編隊で飛んでいくのは、カワウだ。ねぐらと海、川、湖などにある餌場を行き来している場合が多い。空の上を黒い大きな生き物が並んで飛んでいく様子は、まるでCGのようだ。オオタカ、ハイタカなどの猛禽類も、豆粒のように見えることがある。

空の「交通量」がとくに多くなるのが夕方だ。ねぐらに帰る鳥が、よく大群で通ることがあるからだ。秋から冬にかけては、ムクドリが千羽以上の群れで通過することも多い。また、暖かい季節であれば、空飛ぶ哺乳類、アブラコウモリも乱舞する。

姿はまず見えず、ときおり鳴き声が聞こえるだけだが、夜になると、渡り鳥もよく通る。猛禽類などの天敵が少ない時間帯に飛んでいることが多い。夜間の空は「国際便」が多いのだ。

建物の外壁

一戸建て住宅、アパート、マンションなどの外壁にも生き物の通り道がある。また、その動線上に開いた窓などがあれば、それらは、部屋に入ってくることもある。

晴れや曇りの日中には、オカダンゴムシ、ワラジムシ、ヤケヤスデ、オオカマキリ、ハラビロカマキリ、コカマキリなどがよくいる。アブラゼミなどのセミがとまっていることもある。やけに近い場所からセミの鳴き声がして、暑い夏がさらに暑く感じられることがあるが、窓のすぐ下あたりの外壁で鳴いているのかもしれないのだ。

夜間は、ニホンヤモリも出てくる。明るい場所を目指す昆虫が多く集まる白壁には、それらを狙って、何びきものニホンヤモリもやってくる。そう言えば、ヤモリとイモリを混同している人は多い。両者は、姿が似

ていても、分類上はまるで違う生き物だ。ヤモリは爬虫類、平

たく言うとヘビの仲間で、イモリは、両生類、平たく言うとカエルの仲間だ。また、ヤモリは陸上にいて、家庭害虫を食べて家を守ってくれることからこの名がつき、イモリは水中にいて、井戸の生き物を食べて井戸を守ってくれることからこの名がついたとも言われる。住宅の外壁にいるのは、ヤモリのほうだけだ。

雨の日も、おもしろい。カタツムリ、ナメクジのほかに、それらを食べるためにコウガイビルもやってくる。頭がアルファベットのTの形をした、カップラーメンの1本の麺のような平たく細長い生き物だ。「ヒル」と言っても渓流の石の下などにいるプラナリアの仲間で、人間の血を吸うことはないが、なるべく素手で触らないほうがいい。入浴でもしない限り、ぬめりがなかなか取れなくなるからだ。雨の日、室内でくつろぐ私は、外壁を這っている

であろうコウガイビルの姿を思い浮かべて、いつも笑みを浮かべている。

塀、フェンス

葛飾柴又の帝釈天《たいしゃくてん》の参道で土産物店を営む私の知人は、以前、自宅の茶の間で、夜7時のNHKニュースを見ながら夕食を食べていると、誰かに見られているような気配を感じた。振り返って窓の外を見ると、窓ガラス越しにハクビシンが室内を窺っていたそうだ。

このハクビシンは、下町特有の、腕を伸ばせば隣の家にぶつかりそうな密集した住宅地の仕切りである塀の上を、毎日のように歩き回り、ときおりいろいろな家の室内をのぞくのだろう。窓が閉まっていればいいが、開いていれば、誰もいないことを確認してから部屋へ侵入し、仏壇のお供え物やテーブルの上の夕食の残りなどを食べないとも限らない。まさに、空き巣だ。

このような場所には、オカダンゴムシもよくいる。ただ通るだけでなく、電柱と同じく、そのコンクリートなどを食べる。主にカルシウム摂取のためだ。オカダンゴムシにとって、やはり塀やフェンスも、道であると同時にレストランなのだ。

アオダイショウ、ヒガシニホントカゲ、ニホンカナヘビ、ニホンヤモリなどの爬虫類グループもやってくる。目の高さで見るアオダイショウは、かなり迫力がある。私はうれしくていつまでも眺めているが、苦手な人にとってはおぞましい体験だろう。塀やフェンスの上のヘビは、「のたくる」という表現がとても合う。うねって動くという意味合いだ。

郊外に行くと、ニホンザルもやってくる。しかも、大きな群れのときもある。これは、かなり危険だ。窓が閉まっていても、鍵がかかっていなければ、上手に開け、室内へ入る。幼い子どもなどがいても、平然と侵入することがある。財布やキャッシュカードなどには目もくれないが、食べ物はほぼ全て奪われる。まるで、強盗だ。

道路標識

道路標識は、大きく5つのグループに分けられている。案内標識、警戒標識、規制標識、指示標識の4つの本標識と、それらの下につけられる補助標識だ。これらの中で、私は、警戒標識にとても興味がある。少なくなってきているとはいえ、まさに昭和の雰囲気のデザインのものがあるからだ。蒸気機関車が描かれた「踏切あり」、『サザエさん』に出てくる「カツオ」と「ワカメ」のような子どもが描かれた「学校、幼稚園、保育所等あり」などがそうだ。

標識を鑑賞していると、それらの上板やポールにも、いろいろな生き物の道があることに気がつく。カタツムリやナメクジの這ったあと、ガの卵なども、よくついている。また、小さな昆虫を追って、ハエトリグモの仲間も、よくとまっている。ハエトリグモは8個の目を持ち、これらで約360度の視界を確保している。視力も人間なみだ。ときおり、あしを振っているのは、求愛や威嚇のためだ。

夜間になると、ニホンヤモリ

もいる。とくに街灯や自動販売機の近くの標識には、明かりに誘われて集まってきた昆虫が多くついているので、それらを食べるニホンヤモリも多い。

自動販売機

日本ほど街じゅうに自動販売機が立っている国もそう多くないだろう。仕事や観光で、いろいろな国の都市を歩き回るが、夜中になると、ジュースをひとつ買うにも苦労することが多い。この自動販売機の多さも大きな原因となり、今、日本の街では、夜の闇が少なくなりつつある。そのため、セミが夜通し鳴くようになった。私は、これを「夜鳴きゼミ現象」と呼んでいる。セミはいろいろ

な要因で鳴くが、とくに明るさには敏感で、かつては沈黙を守っていた真夜中でも大合唱するようになった。終電を降りたサラリーマンが、セミ時雨の中、家路を急ぐなどという現象が、普通に起きている。役所に、「セミがうるさくて眠れない」などという以前には考えられなかった苦情が寄せられるという。もちろん昼寝のときのことではない。

　自動販売機の明かりは大きく、一晩中灯っているので、いろいろな昆虫とそれらを狙う生き物が集う。まさに「街のライトトラップ」なのだ。コガネムシ、ガなどの常連から、カブトムシ、クワガタムシなどというスペシャルゲスト、日中の昆虫というイメージが強い、チョウ、トンボ、セミに至るまで、くる。最近では、逃げ出したのか、故意に放されたのか、外国産のカブトムシやクワガタムシさえ出現する。そして、それらを狙って、ニホンヤモリ、アズマヒキガエル、人間の子どもなどもやってくる。

　しかし、多くの昆虫が、つるつるでほぼ垂直の自動販売機の商品ディスプレイカバー上をたくみに歩き回れるのは、なぜなのだろう。じつは、あしの先端部分に毛が生えていて、そこから粘着力のある物質が出ているからなのだ。

　缶コーヒーの前に物欲しげにとまるキリギリスの仲間などを見ると、私は、思わずお金を入れて買ってあげたくなる。

生垣

子どものころ、昭和初期に造られた、わりと広い屋敷にすんでいた。こういうと、お金持ちの家のお坊ちゃんのように思われがちだが、そこは借地で、祖父が仕事のために広い場所が必要なだけだった。家屋は平屋で、まわりを生垣が取り囲んでいた。私が小学生の低学年だった冬のある日、自宅の庭で遊んでいると、生垣の中を移動している生き物を見つけた。小鳥のようだが、枝や葉に隠れて姿がよく確認できない。ときどき、「チャッ、チャッ、チャッ、チャッ」という音も聞こえてくる。部屋に戻り、毎日のように見ていた鳥の図鑑のページをめくってみたが、その正体はつかめなかった。それから1週間ぐらい経って、再び、それが生垣の中にいることに気がついた。しばらく様子を伺っていたら、突然生垣から出て、葉の落ちたイロハモミジの木の

枝にとまった。「ウグイスだ」と私が叫んだとたん、それはどこかへ飛んでいってしまった。「チャッ、チャッ」という音も、地鳴きと呼ばれるウグイスの鳴き声だと、後で知った。このときのことは鮮明に心に残っていて、私は今でも、生垣を見るとウグイスの姿を探してしまうのだ。

生垣は、外からの目隠しとなるだけでなく、火事の延焼防止、防風など、いろいろなことに役立っている。見た目も美しく、日本のいい文化だと思う。

この中を通るのはウグイスばかりではない。ほかの種類の小鳥やいろいろな昆虫、アオダイショウ、タヌキ、ハクビシンなどもよく使う。近ごろは緑地が少なくなってきたため、生垣に生き物が集中し、以前よりも多くの種類が見られるようになってきたと感じる。まるで、少ない道路に自動車が集まり、渋滞が起きているようだ。

街灯

街灯には苦い思い出がある。

大学生のころ、友人と連れ立って、山梨県の日野春という場所に、昆虫採集に出かけたことがある。日が暮れて、街灯に集まるカブトムシやクワガタムシを求めて、旅館を出て歩き出すと、薄暗い明かりの下に、大きめの丸いものが落ちていた。カブトムシのメスと決めつけ、素手でそれをつかんだとたん、私は、友人が驚いて網を落としそうになるほどの大声をあげてしまった。それが、いきなり、私の右人差し指にかみついたのだ。血もたくさん出た。カブトムシのメスだと思ったのは、ゲンゴロウだった。水生昆虫だが、夜間は、明かりに向かって飛んでくるのだ。その日以来、私は、「今までかまれて一番痛かった虫は」と問われれば、迷うことなく、「ゲンゴロウ」と答えることにしている。

住宅街の街灯にゲンゴロウはまずこないが、夜間には、意外なほど多くの昆虫などの生き物が集まってくる。とくに多いのが、コフキコガネ、アオドウガネ、クロコガネなどコガネムシの仲間だ。ブンブンと明かりのまわりを飛び回っていたかと思うと、どこかに激突して、いきなり地面に落ちてくる。秋の夜であれば、街灯の近くの住宅の門の上などに、オオカマキリがいることがある。それを発見したときは、目に注目しよう。まるでサングラスをかけたかのように、真っ黒になっているはずだ。これは、わずかな光でも取り入れて、夜でも狩りをしやすくするためと言われている。カマキリは、24時間、ハンターであり続けるのだ。私は、子どもたちには、「カマキリは不思議だよ。暗いところでだけ、サングラスをかけるんだ」と説明している。

街灯に集まる昆虫などを食べるため、明かりのまわりをアブラコウモリが飛び回るし、ポールにはニホンヤモリが這い回るし、地面をアズマヒキガエルが歩き回る。夜が明けると、逃げ遅れた昆虫を食べに、主にヒヨドリがやってきて、食

べ残した昆虫のパーツを、あちこちに落としていく。

ゴミ置き場

ここが生き物の通り道になるのは、基本的に生ゴミの日だ。だから、地域によって道のできる日が違う。曜日限定の特別道路といったところだ。そして、ここの交通量は、その地域の住民の経済状況とマナーに大きく左右される。カロリーの高い大量の生ゴミが

出たり、フードロスが多かったり、出し方も悪い場所には、餌を求めに多くの生き物が集まる。生ゴミを出す日さえ守らない住民が多ければ、特別に週に複数回、道路が開通する。

この場所の主役は、やはりハシブトガラスだ。黒山の人だかり、ならぬ、「黒山のカラスだかり」で餌を漁っていることもある。鳥は基本的に、目で物を探す。そのため、防犯、防災などの観点から中身のよく見えるポリ袋が主流となった近ごろのゴミ置き場は、ハシブトガラスにとって、むかしより、餌をとりやすい場所になった。ゴミの見える化は、餌の見える化なのだ。袋の口を結んでいても、袋のわきから鋭いくちばしを刺して餌をとる。そのため、ハシブトガラスに襲われたポリ袋は、口は縛られたまま、まるで銃撃にあったように小さな穴がいくつも開いている。

ハシブトガラスがひと通り餌を食べ、飛び去ると、今度はドバトがやってくる。ハシブトガラスのいる時間には、まず現れない。なぜなら、自分も餌になってしまう可能性があるからだ。私は以前、生ゴミをついばむドバトを背後から捕らえるハシブトガラスを見たことがある。

そのほか、さまざまな生き物の間隙をぬって、ドブネズミやクマネズミもやってくる。

住宅街のゴミ置き場は、近ごろは、大きな檻のようなものを置き、その中にポリ袋を置くシステムにするなど、いわゆるカラス対策が進んでいる場所も増えてきている。それにつれ、そこを訪れる生き物の顔ぶれや行動パターンも変わりつつある。

2章 幼稚園の園庭

電　線
P46
園舎の外壁
P39
生　垣
P35
塀、フェンス
P45
花　壇
P48
屋外遊具
P50
プランターの下
P42
土の地面
P37

空
P32
窓
P41
草木の葉
P36
靴箱
P33
フジ棚
P44

空

私は週に何回も、幼児のいるあちこちの施設へ、生き物の話をするために出かける。すると、どこの園庭にも、至るところに道があることに気がつく。園庭は、1年中、24時間、生き物が縦横無尽に行き交う場所なのだ。

それは、地表ばかりのことではない。空中も同じだ。試しに5分間、園庭に立って、空を見上げてみよう。低い場所は、チョウをはじめ、じつにさまざまな昆虫が通る。とくにアゲハチョウの仲間などは「蝶道」という、まさに道を持っていて、期間ごとに、毎日ほぼ同じ時刻に、ほぼ同じチョウが、ほぼ同じルートを通過する。そしてその道を、同時期に何頭かのアゲハチョウの仲間が共用するのだ。まるで、鉄道のダイヤのようだ。ある駅のホームに立っていると、毎日同じ時刻に、いろいろな列車がやってくることに似ている。そして、チョウの世界にも「臨時列車」はあるのだ。突然、いつもは見ない種類のチョウがその日だけ通ることもあって、これは蝶道観察の大きな楽しみのひとつと言える。蝶道のルートは、産卵する食樹や食草の位置、日照の度合いなどによって決まると言われている。オスにとっては、そこを通るとメスに出会う確率が格段に上がるというメリットもある。

そして、日中の空のやや高い場所は、たくさんの野鳥が通る。スズメ、ドバト、ハシブトガラスだけでなく、大都会にある園庭であっても、夜明けから日没まで見ていれば、20種類近くの野鳥が通るはずだ。それらは、1羽だったり、つがいだったりするときもあれば、小さな群れだったり、大きな群れだったりすることもある。もちろん、季節や天候によって、顔ぶれも変わる。ちなみに鳥は、強い風は飛びにくいので苦手だが、雨はさほど厭わない。だから、風さえ強くなければ、にわか雨の中も、けっこう通る。

同じような場所を、春から秋にかけては、哺乳類のアブラコウモリが飛び回る。多いときは、園庭上空を10ぴき以上飛んでいることもある。

靴箱

幼児施設の靴箱から、上履きの片方がなくなり、騒ぎになることがある。一度に何足もなくなる場合もある。不審者の侵入を疑い防犯カメラの映像を細かく確認すると、なぜか、そこには動物の姿が映っていたという事件が、毎年のように起こる。

靴箱から子どもの上履きを持っていくのは、キツネ、タヌキ、テンなどの中型野生哺乳類だ。キツネ、テンはほぼ肉食、タヌキは雑食。つまり、これら

全て肉好きということである。毎日のように履く靴には、人間のにおいがしっかりとついていて、その油分が微生物によって分解されると、タンパク質の腐敗したにおいに似てくる。それで餌と間違えて持ち去ると考えられているのだ。大人の靴ももちろん同じようなにおいがするはずなのだが、園児の靴箱は、園舎の軒下、つまり屋外に設置されていることも多いため、子どもの靴がよく盗まれるのだろう。では、なぜ外履きより上履きなのか。これらの野生哺乳類は、基本的に夜行性で、夜間、園庭にやってくることが多い。子どもたちは降園後で、靴箱にあるのはほとんどが上履きということになる。

　動物は、持ち去った上履きをやはり食べず、どこかへ放置することになる。同じ場所に何足もの幼児の上履きが落ちていることもあるが、事情を知らない人がこれを見つければ、不審者のしわざと考え、警察に通報するのが自然な流れだろう。警察関係者も、動物に詳しい人でなければ捜査は難航し、いずれ事件は迷宮入りしてしまうに違いない。

　キツネもタヌキもテンも、主に、出産期は春で夏まで子育てをする。また、この時期、子どもたちの上履きが、ほかの季節よりもよく盗まれる。つまり、親が子に盛んに餌を運び続ける時期だからだ。そのため、初夏などは、各園ガードをいっそう固くしてほしい。

　幼児関連施設の靴箱の前やまわりは、園児だけでなく、主に中型野生哺乳類の「登園路」でもあるのだ。

生垣

近ごろは少なくなったが、生垣で囲われた園もある。たいがい1種類の樹木が並んでいるが、何種類かの樹木を混栽した場所もあり、ここでは、よりたくさんの生き物を見ることができる。

生垣を道として使う代表的な生き物は、住宅街の章でも紹介したウグイスだ。子どもたちが甲高い声を出して遊んでいるすぐわきを、見え隠れしながら、「チャッ、チャッ」と鳴いて移動している。ヤブツバキ、サザンカなどの生垣であれば、花の時期、メジロもよく通る。花の蜜を食べ進んでいるのだ。「チー、チー」とか「チリチリチリチリ」などという鳴き声は聞こえるのだが、常緑樹の中にスズメより小さな緑色のメジロがいて、しかもせわしなく動いているので、姿をとらえるのは意外に難しい。

6月と11月は、よくアオダイショウも通る。なぜこのタイミングなのかというと、6月は、冬越ししていた暖かい場所から涼しい場所へと移動するためで、11月は、その逆だからである。この間、ときおり園庭の中央に出てきて、大騒ぎとなる。しかし、アオダイショウは毒を持っておらず、性格のおとなしいヘビなので、さほど心配はいらない。ただし、幼い子どもが小さな柔らかい手で頭などを触らぬよう、気をつけよう。先生や保育士などがどうしてよいかわからず警察を呼んでしまうこともあるが、相談するのなら役所の環境課のような部署のほうがいい。アオダイショウは、日本の多くの街に、普通にいるヘビなのだ。

夏の夜、園庭を囲む生垣は、

いろいろな種類のセミの羽化場所にもなる。園庭の土の中から幼虫が出てきて、成虫になるのだ。セミの羽化をセミの「誕生日」という人がいるが、どちらかというと「成人式」だろう。東京の都心部などの場合、園庭のセミの羽化のピークは、7月20日ごろから8月10日ごろまでだ。この時期、園で、夕涼みを兼ねてセミの羽化を見る会を催したらどうだろう。雨ではない日の夜7時前後に、親子で懐中電灯を片手に生垣沿いを歩けば、いろいろな段階のセミの羽化の様子が、あちこちで見られるだろう。

草木の葉

生き物の道のありかは、大きく分けて、葉の表、葉の裏、そして葉の中の3パターンだ。

まず、葉の表だが、ここは、どちらかというと保育士など大人が見つけやすい。背が高いからだ。ここによくいるのは、子どもたちに「バナナ虫」と呼ばれることが多いツマグロオオヨコバイだ。ちなみに、この虫、幼虫時代はレモンに似ている。最初は葉の表にいることが多いが、少し驚くと、横に歩いて葉の裏に隠れる。横に這うので「ヨコバイ」なのだ。そして今度は、園児がよく見つけるようになる。背が低いからだ。先ほど、少し驚くと、と書いたが、ひどく驚くと、はねがあるので飛んで逃げていく。葉の表には、ほかに、アリの仲間、テントウムシの仲間などがよくいる。ここで意外によく見かけるのが、トカゲの仲間のニホンカナヘビだ。葉の上で、餌になる昆虫などを待っているのだ。ハエトリグモの仲間も、同じ理由でよくここにいるが、ニホンカナヘビの前では、昆虫と同じ運命である。

葉の裏には、小さなガの仲間がはりつくようにとまっていたり、毒を持つ恐ろしいチャドクガの幼虫が並んでいたりする。主に7月から9月にかけて、ツバキやサザンカの仲間の葉を触るときは、一度裏を確認してからにしよう。

もうひとつの場所、葉の中だが、そのような薄いところに入り込む生き物などいるのだろうかと疑問を持つ人も少なくないだろう。しかし、わりと普通にいる。春から秋にかけて、緑色の生き生きとした葉に、まるでアルファベットや数字のような模様を見かけることはないだろうか。これらは、「字書き虫」とか「絵描き虫」などと呼ばれる小さな昆虫のしわざだ。正確には、ハモグリバエやハモグリガなどの幼虫が葉の中身を食べ進んだあとである。ひと筆書きのような痕跡で、起点あたりの線が細く、終点あたりの線が太めになっているのは、食べ進みながら成長した証拠だ。これぞ、生き物の道。しかも、ほぼ全域がトンネルである。成虫や蛹になるタイミングで葉を出ていくが、葉を太陽などに透かして見ると、幼虫がまだ中にいることもある。

土の地面

コンクリートなどの地面も生き物は通るが、土の地面に比べると、それらの数も種類も、とても少ない。その点、園庭には土がふんだんにあるので、ほんとうにいろいろな生き物に出会うことができる。

まず目立つのは、アリの仲間だ。小さな種類のアリは、行列を作り、皆で同じ道を歩いていることもある。日あたりのいい場所には、通り道だけでなく、巣もたくさんある。子どもたちも、あちこちでしゃがんでアリを眺めている。中には指でつまみ、プリンカップに入れる子もいるが、これはあまり薦められない。なぜなら、アリにかまれると、痛かったり、腫れたりするからだ。ヒアリなどのさらに危険な外来種も侵入している。ところで、私たちがふだん目にしているアリは、ほぼ全て、メスと考えていい。歩き回っているアリは、ほとんどの場合、働きアリで、働きアリは全てメスだからだ。

やや湿った土の地面には、おなじみのオカダンゴムシがよくいる。これらは、子どもたちに、ぜひ捕まえて観察してもらいたい。ところで、ダンゴムシのあしの数はいくつかご存知だろうか。正解は、12または、14本。卵から孵って2回目の脱皮を終えるまでは12本、その後体節がひとつ増えて、そこにあしが2本生えてくるので、

死ぬまでは14本である。ダンゴムシは、まるで、アルマジロが小さくなったような生き物だ。学名にもアルマジリジウム(Armadillidium)という言葉がついている。これは、まさに、「小さなアルマジロ」という意味だ。哺乳類であるアルマジロの仲間も、ダンゴムシの仲間も、危険を感じると、同じように丸くなる。このように、似たところがある進化のタイプを並行進化という。

そして、木の根元の土の地面には、大人の人差し指が入りそうな穴が、いくつか開いていることがある。これらは、セミの幼虫が地上で羽化をするために通った道だ。70センチぐらいの長さのものもある。地表とほぼ直角にぶつかる生き物の道もあるのだ。

園舎の外壁

園庭の通り道は、横に続いているものばかりではなく、縦に続くものもある。その代表とも言えるのが、園舎の外壁だ。そして、季節、天候、時間などで、そこを通る顔ぶれが、かなり違う。

まず、日あたりのいい場所で、春から秋によく見かけるのがテントウムシの仲間とカメムシの仲間だ。一見人気者と嫌われ者の組み合わせのようだが、両方とも、同じような場所に、よくいるのだ。冬は日あたりの悪い壁に移動する。この季節は、大集団でいるために、人々を驚かせることも少なくない。これは、体温をうまく調節することのできない変温動物の昆虫にとって、昼と夜の気温差の激しい場所にいるより

1日中寒い場所にいるほうが、過ごしやすいためだ。

春から秋にかけての夜は、ニホンヤモリの天下になる。とくに、熱帯夜、街灯や室内の明かりのあたる白壁では、何びきものニホンヤモリが歩き回っている。このような場所は、餌となる昆虫が多く集まるからだ。ニホンヤモリにとって、園舎の壁は、ハンティングロードでもあるのだ。

そして、雨の日の壁も、晴れの日にはあまり見られない生き物の通り道となる。とくに、夏の湿度の高い夜が、ラッシュアワーだ。ここでの主役は、ナメクジとカタツムリだ。雨の日に、子どもたちに「カタツムリを探そう」と声をかけると、ほとんどの子がアジサイに向かって走っていくが、これは、大きな間違いである。アジサイにカタツムリという組み合わせは、人間の作り出したイメージで、実際には、アジサイにいることは少ない。アジサイには毒があるからだ。ではどこを探せばいいかというと、園舎などの壁なのだ。

カタツムリは、ここについたカビやコケ、また、カルシウム

をとるために、壁そのものも削って食べている。

窓

　窓にはドラマがある。部屋の中から窓を通して屋外を見るときも、屋外から窓を通して部屋の中を見るときも、どこかスリリングだ。1949年には、テッド・テズラフ監督の、その名も『窓』というサスペンス・ミステリーの名作映画も作られている。じつは、幼稚園、保育園、認定こども園の窓も、その内側と外側で、さまざまな生き物のドラマに満ちている。

　まずは、窓の内側。ここでは、ほぼ24時間、ハエトリグモの仲間のハンティングが行われている。私は、これらのクモがガラスの向こう側にいると思い、ガラス越しに指で触ろうとしたら、突然室内の床に落ちてきて、ひどく驚いたことがある。生き物は、窓の外側にいるという固定観念が働いてしまうのだろうか。よく見れば、背側が見えているのでわかるはずだが、不思議なものだ。ハエトリグモは、台所などから飛んできた小さなハエの仲間などを発見すると、跳びかかり、食べている。

そして、窓の外側。ここは、日が暮れるとニホンヤモリのハンティングロードとなる。窓ガラスを縦横無尽に使い、室内の明かりに誘われて飛んできたガの仲間などを食べている。部屋の中から観察していると、ニホンヤモリのハンティングの一部始終を目撃することができる。やや離れたところから獲物に突進し、口にくわえるシーンは、何度見ても興奮する。

ニホンヤモリに食べられてしまうまでは、ガもよく観察できる。ただし、裏側だけだが。私は以前から、「ガの裏側図鑑」があればうれしいと思っている。私たちがガをゆっくりと観察することができるのは、ほとんどの場合、夜、窓の外側にとまっているガの裏側を見ているときぐらいしかないからだ。誰も作ってくれないのなら、自分で作ってしまおうか。気をつけて見ていると、いろいろなガの仲間たちも、少しずつ動いている。ガにとって、夜の窓は、いつ、どこから、恐ろしいニホンヤモリが襲ってくるのかわからない、死と隣り合わせの、道なのだ。

プランターの下

園庭には、たいがい多くのプランターが置いてある。子どもたちに、限られたスペースで、野菜作りや、草花の手入れを学んでもらうことが主な目的だろう。しかし、子どもたちの関心は、むしろプランターの下にある。そこにいろいろな生き物が隠れていることを、彼らはよく知っているのだ。

私も子どものころ、自宅のさほど大きくはない庭に並べてある植木鉢の下を確認することが日課だった。大げさではなく、ほぼ1年365日続けた。もしかしたら、このとき、今の仕事をする上での基礎が作られたのかもしれない。

プランターの下には、オカダンゴムシ、ワラジムシの仲間、ヒゲジロハサミムシ、そして、触ると絵の具のようなにおいのつくヤケヤスデなどがいる。もう少しよく見てみると、半分埋まったような状態で、ミミズの仲間やコガネムシの仲間の幼虫などもいる。コガネムシの仲間の幼虫は、植物の根などを食べている。

大きめのプランターの下には、大物もいる。まず、アズマヒキガエルだ。このカエルは、冬眠場所や日中の隠れ場所として、ここを使っている。だから昼間、ダンゴムシを探そうと園児2人が協力し合って大きなプランターを動かして、アズマヒキガエルを発見し、大騒ぎになることもある。

さらに忘れてはならないのが、モグラのトンネルだ。プランターのまわりに土の地面が広がっている場所には、地中にモグラがいることがある。そのトンネルがプランターの下を通過していることがあるのだ。地表からはほとんど見えないモグラのトンネルが、プランターの下では断面図のように見えることもある。さすがにそこにモグラの姿はないだろうが、ここを通ることがあると思うと、胸が高鳴るのは子どもたちだけではないだろう。

フジ棚

園庭には、たいてい砂場の上あたりに、フジ、ブドウ、キウイのどれかの棚がある。幼稚園にはとくに多いような気がする。美しい花やおいしい果実を楽しめるだけでなく、雨よけや日よけにもなり、一石二鳥なのだろう。

フジの花は、4月ごろから6月ごろにかけて咲き、とても美しいのだが、同時にこの時期、多くの園が、とある生き物の行動に恐れおののくことになる。その生き物の名は、キムネクマ

バチ。クマンバチやクマバチとも呼ばれ、黒くて大きな、胸のあたりが黄色いハチだ。もちろん、触れば、その太い針で刺されることもあり、激痛に苦しむことになるのだが、ほかのハチに比べて毒性が低く、アナフィラキシーショックを起こす可能性は少ない。さらにスズメバチのように攻撃性もあまり強くないので、じつは姿を見かけても、さほど怖がらなくていいのだ。基本的にはフジの花に集まるのだが、それよりも、フジ棚の上やまわりで、ホバリング（空

中で静止して飛んでいる）している個体が、園の皆を恐怖のどん底に突き落とし、しばらく登園したくないと言い出す親子が続出する始末だ。じつは、このホバリングしている個体はオスで、メスとの交尾のためになわばりを守っているだけで、針は持っていない。ちなみに、針を持っているのはメスだけだ。そのため、ここでホバリングしているオスのハチは、危険度が低いどころか、皆無に近い個体なのだ。

また、フジ棚、ブドウ棚、キウイ棚の上では、よくキジバトが営巣する。それで、棚の上を歩いているのをよく見かける。砂場から見上げると、小枝をのせただけのような粗い構造の巣が見えることがある。

ブドウ棚の上は、実りの季節は、ハクビシンの道にもなる。よく熟れたものから食べまくる。園で収穫しようと思っていた日の夜明けに、きれいに食べられてしまうことも少なくない。人間にとっても、野生動物にとっても、食べごろは同じなのだ。

塀、フェンス

私が子どものころ、自分の家はもちろんのこと、他人の家の塀の上を歩いたり、フェンスの上に登ったりした。それだけ身軽だったということもあるが、昭和30年代から40年代は、そういうもので囲まれた家がたくさんあったし、私と同じようなことをする子どもも多かった。当時はまだ腕時計を持っていなかったので、ときどき、時間が気になる。それで、塀の上から他人の家の茶の間の時計をのぞく。そしてその家の人に見つかり、怒鳴られて逃げる。今は、登れるような塀やフェンスも少なく、また、セキュリティーも完璧で、そのようなことをしようものなら、子どもであっても警察を呼ばれたり、警備会社の人が飛んできたりするだろう。あのころは、いろいろな意味で、のどかな時代だった。

今でも、むかしながらの塀やフェンスで囲われていることの多い園庭は、その上を通るいろいろな生き物を観察できる貴重なフィールドだ。小さめのものでは、日中は、ヒガシニホントカゲやニホンカナヘビなど、夜間は、ニホンヤモリなどが、わりと頻繁に通る。アオダイショウも、年に何回かは、きっと通る。

そして、哺乳類も通る。人間が通ると騒ぎになるが、そのほかの動物なら、基本的に通り放題だ。まず、ネコだ。飼いネコも、ノネコも通る。クマネズミ、ハクビシン、アライグマ、意外にもタヌキも通る。地域によっては、テンもくるだろう。塀やフェンスの上は、「令和のけもの道」なのだ。

電線

園の上には、けっこう電線がある。それも、道路上の太めの線から分かれた細めの線が、園庭や園舎を斜めに横切っていたりする。子どもたちは、毎日のようにそれを見上げて、いろいろな生き物を眺めているのだ。

ここには、日中、とくに朝と夕方あたりに、スズメ、ムクドリ、キジバトなど、たくさんの野鳥がやってくる。休むためにとまっていることもあるが、そろりそろりと、横歩きで移動していることも多い。そして、それらはたいがい、地面を向き続けながら歩く。なぜならば、園庭で飼われているウサギ、モルモット、アヒルなどが食べる餌のおこぼれを狙っているからだ。この動きは、伝説の名プロレスラー、「ザ・グレート・カブキ」のロープ歩きに似ている。彼が、リング上に横たわる相手レスラーに向かい突然飛び降り、喉笛や胸元に正拳《せいけん》突きを叩き込むように、野鳥たちも、ウサギ小屋などのまわりに舞い降りて、散らばった野菜くずなどをついばむのだ。ちょうど餌を運んでいる最中だった当番の子どもたちが、驚いて餌を放り出せば、それもついばむ。

　秋はこの電線に、アキアカネがずらりと並ぶ。アキアカネは、園庭の池やプールでヤゴから成虫になり、夏になると、街の暑さを避けるため、山地へ移動する。そして、秋、涼しくなった園庭に戻ってくる。それらがよくとまる場所が、園庭の電線なのだ。何かに驚いたり、ほかの個体との駆け引きをしたりなどで、20～30センチ飛び上がり、また少し離れた電線上にとまるという動作を繰り返している。

　そして夜は、ハクビシンの「幹線道路」となる。ハクビシンにとって、果実が実っていたり畑を耕していたりして、さらに夜間はほとんど無人の園庭は、最高の場所だ。そこへの出入りに、電線を使うのだ。ときおり、同じ電線の両端からほぼ同時に2ひきのハクビシンが歩き出し、狭い道路で鉢合わせした自動車のように、もめている。

花壇

花壇のない園は、まずない。ただ、規模は園庭によってさまざまだ。8畳の座敷ぐらいのものもあれば、畳半分ぐらいのものもある。また、大きめのプランターを2、3個並べて花壇としている場合もある。

花壇でまず目につくのは、やはり、チョウだ。まさに花壇の花から花へと移動する。黄色い花にはモンシロチョウ、赤や紫色の花にはナミアゲハなどがよくくる。そして、いろいろな種類のチョウが毎日の

ようにたくさん訪れるのが、キバナコスモスと、アベリアとも呼ばれるハナゾノツクバネウツギだ。園庭にバタフライガーデンを作りたければ、ぜひこの2種類の植物を植えていただきたい。ひとつ注意点として、園にとっては「招かざる客」かもしれないが、アブやハチの仲間もよくやってくる。

　そして、そのような昆虫を食べるためにスズメもやってきて、背の高い草花の間の地面を「チュンチュン」と鳴きながら歩き回る。教室で幼虫から大切に育てて、無事羽化したチョウを園庭の花壇に放したとたんに、花影から現れたスズメに持ち去られ、子どもたちが大泣きするという悲劇も、ときおり発生してしまう。

　花壇の地面では、それこそ山ほどのアリも歩き回っている。花壇の土はよく耕されていて適度に柔らかく、日あたりもいいので、そのような環境を好むクロヤマアリが多い。よく見ると、巣もいくつかあるはずだ。

　朝、花壇に行ってみると、前の日に植えたチューリップやクロッカスなどの球根が掘り返され、持ち去られ、かじられたりしていることがある。たいていの鳥は、基本的に暗いうちにはやってこない。よって「犯人」はタヌキ、ハクビシンなど哺乳類である可能性が高い。もし、細長い尻尾のあとがついていれば、クマネズミなどのネズミの仲間の可能性が高い。花壇は、このように困った「訪問者」も通るのだ。

屋外遊具

園庭には、さまざまな遊具がある。カラフルな滑り台がある園もあれば、木製のフィールドアスレチック風のものが充実した園もある。幹が太い木にロープで結びつけられた古タイヤだって、立派な遊具だ。これらを通り道として使っている生き物が、人間の子ども以外にもいる。

まず、チョウの仲間の幼虫だ。ただし、蛹になるために利用するので、基本的に一度だ

け、しかも片道のみだ。園庭のキャベツやブロッコリーなどで育ったモンシロチョウなどの幼虫や、ミカンやナツミカンなどで育ったナミアゲハやクロアゲハなどの幼虫は、食草や食樹から少し離れて、人工物で蛹になることも多い。蛹になる直前の段階である終齢幼虫になってしばらく経つと、植物を離れて近くの人工物に登るのだ。滑り台の手すりなどに、ある日、蛹がついているのはこのためだ。もしこれを見つけたら、子どもたちと、羽化まで見守ってほしい。いい観察ができるだけでなく、生き物に対する優しさも生まれるだろう。

同じように、一度、片道だけそこを通るのが、セミの幼虫だ。土の地面の多い園庭の地中には、意外に多くのセミの幼虫が暮らしている。そして毎年夏の晩に、地中から穴を開けて出てきて、羽化するのだ。セミが登るのは樹木でないといけないと思っている人も多いのだが、じつは、登れるものであれば、何でもいいのだ。一晩だけとめておいた自転車のタイヤやブロック塀などにも、けっこうセミの抜け殻がついている。セミ穴の近くで2時間ぐらいあまり動かないでいれば、人間の足や腕でも羽化するはずだ。そういうわけで、樹木の近くの遊具にも、セミの幼虫はよく登るのだ。

そして、極めつけは、アオダイショウだ。この3メートル近くにもなるヘビは、高いところに登るのも得意だ。それで、遊具にもよく登る。私は、子どものころ、年に1、2回、家に入る木戸の上に巻きついたアオダイショウのおかげで、日が暮れるまで自宅に入れないでいた。

3章
ビル街

□×△○…
ABCD…
30

空
P59
建物と建物の隙間
P56
電線
P64
電柱
P60
植え込み
P63
自動ドア
P69

街　灯
P66
ネオンサインのまわり
P68
自動販売機
P57
ABCD
30

建物と建物の隙間

ビル街を歩いていると、ふと、建物と建物の細い隙間に目がいくことがある。そこは昼でも薄暗く、街の喧騒からも隔離された異空間だ。もしも妖怪というものがいるのなら、きっとこういう場所にすむのだろうと思ってしまう。

そこを通るのは、主に哺乳類だ。まず、ドブネズミとクマネズミ。これらはともに、世界各地に分布する動物界のコスモポリタンだ。飲食店の並ぶ地区には、とくに多い。両種の姿はよく似ていて、一瞬見ただけでは、見分けがつきにくい。どちらかというと、ビル街を、平面的に使っているのがドブネズミ、立体的に使っているのがクマネズミで、パイプを上り下りしたり、2階以上のベランダなどに現れたりするのは、ほぼクマネズミのほうだ。これらのネズミは、建物と建物の隙間を通り、建物から建物へ、ゴミ置き

場からゴミ置き場へと移動して、主に人間の食べ残しを求めている。

少し大きな哺乳類も、このような場所を利用する。ネコは、民家が少ないためか、意外に少なく、アライグマやハクビシンのほうがよく見かける。秋葉原の電気街や、赤坂駅前の交差点付近にアライグマが出現し、大騒ぎになったことがある。このとき、テレビのリポーターの多くが、「いったいどこからやってきたのでしょうか」と叫んでいたが、それらは元々、そこにすんでいたのだ。

私もテレビ番組に出演し、検証したが、どちらの場所も、すぐ近くにビルとビルとの隙間があった。許可を得てそこへ潜入すると、やはり、アライグマの足あとや糞がいくつもあった。ハクビシンも同じようにに隙間を利用するが、アライグマとの違いは、地上より、建物の境目にあるフェンスの上や、隙間の上空にある電線を歩くことが多い点だ。残業中に、パソコンの先の窓辺を、1メートル近い動物が歩くのを目にすれば、誰でも肝をつぶすに違いない。

自動販売機

自動販売機は、令和の誘蛾灯である。一晩中、煌々《こうこう》と明かりを灯し続け、近隣のガなどの昆虫を集めまくる。水田のあぜ道や、山のキャンプ場などにあれば、夜間、私のような生き物好きにとって、そこはワンダーランドと化す。

ビル街にある自動販売機にも、日没後、それなりに、いろいろな昆虫が集まる。繁華街にあるものより、オフィス街にあるものに多く集まる。そこは夜間人口が少なく、まわりも暗めなので、自動販売機の明かりがより目立つからだ。ここには、ガ、カメムシ、コガネムシなどのほか、トンボやチョウもくる。「夜の蝶」は、ほんとうにいるのだ。信じられないかもしれないが、人気のあるカブトムシやコクワガタなども、ときどきやってくる。ビル街には、元武家屋敷の庭園、大使館など、むかしからある緑地も点在しているからだ。

そして、これらの昆虫を狙って、空からはアブラコウモリが、地面からはアズマヒキガエルが、商品ディスプレイの上にはニホンヤモリやクモの仲間などもやってくる。やがて夜が明けると、隠れ遅れた昆虫を食べにヒヨドリなどが飛来する。

今まで紹介した生き物の動きは、どちらかというと、自動販売機とそのまわりとの往復だが、雨の夜などに、自動販売機自体を道として使う生き物もいる。ナメクジやカタツムリだ。

日中、設置されて年数のかなり経ったと思われる自動販売機の側面を見ると、細いジグザグの削りあとのようなものがあるだろう。これは、ナメクジやカタツムリが、そこのカビなどを食べ進んだあとなのだ。湿度の高い夜間に自動販売機へ行けば、「食事中」のそれらを見ることができるかもしれない。煙草を吸うための道具であるキセルに形が似たキセルガイの仲間が、這っていることもある。

空

街で空を見上げることは、多くの人は、ほとんどないだろう。あまりその必要がないからだ。比較的高い場所で目を向けるのは、せいぜい信号機や店の看板ぐらいだろうか。今度、歩道や路地で、まわりの安全を確認してから、ぜひ、5分でいいので空を眺めてほしい。きっと、何かが通るはずだ。

とにかくよく通るのは「街の主」、ハシブトガラスだ。そこがホームグラウンドなのだから、当然だろう。頭すれすれを横切ることもあれば、上空をゆっくり通過し、豆粒のようにしか見えないこともある。1羽のこともあれば、空全体を埋め尽くす大群のときもある。季節、時間帯、目的などによって変わるのだ。飛んできて、自分のすぐ上の電柱などにとまったときは、急いで少しそこから離れたほう

がいいだろう。ハシブトガラスはとまった直後、糞を落とすことが多いからだ。アスファルト上に、ハシブトガラスの糞がたくさんついている場所では、最初から立ち止まらないほうが無難だ。

ハシブトガラスのような、黒色で首の長いもっと大きな野鳥が、空の高い所を通過することもある。東京の中心部では、とくに多い。その正体は、カワウ。翼開長《よくかいちょう》と言う、両方の翼を広げたときの長さは、1メートル30センチぐらいにもなる。冬はよく大集団になり、ビルとビルの間から、美しい編隊飛行を見ることができる。どこか翼竜のプテラノドンを思い起こさせる姿で、私の頭の中では、この鳥が飛んでいる姿を見ているときはいつも、『ジュラシック・パーク』のテーマが流れている。

夜になれば、別の野鳥が通る。暗いので姿は見えないことが多いが、夜空から「クワッ」というひと声が聞こえたら、夜行性のサギ、ゴイサギだ。鳴き声がカラスに似ているので、「夜がらす」と呼ばれることもある。

昆虫もよく通る。ビル街には、チョウやトンボも、けっこういるのだ。真夏であれば、路地の奥からアオスジアゲハが元気よく近づいてきたり、秋であれば、ビルの3階の窓ぐらいの高さをアキアカネが漂っていたりもする。

電柱

無電柱化が各国で進められている。主に街の景観向上や、感電などの事故防止のためだ。電柱を利用して部屋に侵入す

る犯罪防止の目的もあるそうだ。しかし、ロンドンやパリなどでは、とうのむかしに無電柱化を100パーセント達成しているのにも関わらず、東京23区内であってもわずかな地域しかできていない日本は、無電柱化後進国だろう。

人間には評判の悪い街の電柱も、生き物たちは、道として、けっこう利用する。まず、電柱にいる生き物と言えば思い出すのが、セミ。2階のオフィスの窓の近くの電柱で、大音量で鳴くセミの声に苛立ちを覚えたことはないだろうか。暑い夏が、さらに暑く感じる。気をとりなおしてよく観察してみると、セミの多くは、鳴きながら、縦に横に、少しずつ動いていることがわかる。セミにとって電柱は、わずかではあるが、移動場所でもあるのだ。

夜になると、ニホンヤモリが、電柱をよく歩く。主に、昆虫を探しているのだ。熱帯夜であれば、ナメクジやカタツムリも這い回る。移動しながら、電柱表面のカビなどを食べているのだ。

古い電柱に、クズなどのつる性の植物が巻きついていると、そこにまた、いろいろな生き物がいる。正確に言うと、電柱を歩いているのではなく、電柱についた植物の上を歩いているのだが、そのうち、植物から離れて、まさに電柱そのものを歩くこともある。オオカマキリ、ハラビロカマキリなどのカマキリの仲間や、成虫で冬を越すクビキリギスというキリギリスの仲間などが、よくこのような行動をとる。大木などに隣接した電柱には、アオダイショウが巻きついていることもある。

植え込み

ビル街の大きめの道路の歩道に沿って、よく植え込みがある。わりと大きめの同じ種類の樹木がほぼ等間隔で並んでいるいわゆる並木や、低木が切れ目なく連なった藪状のものなど、それらのスタイルはさまざまだ。

バタフライガーデンの話にも出した、ハナゾノツクバネウツギは、都会の道路沿いによく植えられている低木だ。たくさんの小さな基本的に白い花が、6月ごろから10月ごろまでの約半年間、咲き続ける。この花の前で待っていれば、いろいろな昆虫が次々とやってくることを、自然が好きな人は、たいがい知っている。中でも、私が皆さまにぜひご覧いただきたいのが、イチモンジセセリとオオスカシバだ。

イチモンジセセリは、名前は聞いたことがなくても、誰でも一度は見たことがあると思う。ごく普通にいるチョウだ。ほぼ全体が茶色の色彩から、ガだと思われることが多いが、れっきとしたチョウである。三角定規をとても小さくしたような姿をし、花から花へと移動する。捕まえて、突然放すと、猛ス

ピードで飛び去る。そのため、子どもたちからは「ロケットチョウ」と呼ばれることもある。

オオスカシバは、鱗粉のほとんどない透けたはねを持つことから、ハチだと思われることが多いが、れっきとしたガである。花から花へと移動しながら、蜜を吸う姿が、ハチドリの仲間に似ている。ちなみに、野生のハチドリは日本にいない。「銀座でハチドリを見ました」などという連絡が、毎年2、3回は私に入るが、それらは皆、このオオスカシバか、それの仲間の見間違いか思い違いだ。

街なかを、タヌキ、ハクビシン、アライグマなどが移動するときも、植え込みの中を通ることが多い。人間などに見つかりにくいからだ。それで、植え込みの下の地面を見ると、それらの足あとが、かなり長い距離、ついていることがある。

電線

電線は、電柱が林立していれば、当然、たくさんある。立体交差しているところもあれば、まるで高速道路のジャンクションのようになっているところもある。また、個人が引いたと思われる短く細いものもある。

電線は、意外に多くの生き物が通り道として使うことは前章でも伝えてきたが、やはりビル街でも、ハクビシンが、おそらくもっともよく通る。ただ、神奈川県の大船や鎌倉など、いくつかの街のビル街では、特定外来生物のクリハラリスの存在も忘れてはならない。

日本のあちこちで野生化しているクリハラリスは、東南アジアなど広い地域に分布するリスで、とくに台湾原産の亜種をタイワンリスとも呼ぶ。逃げ出したり、意図的に放されたりして、日本では1935年ぐらいから野生化し、今では数えきれないほど生息している。2005年には、日本固有の生態系、国民の健康、農作物などに深刻な被害をもたらす可能性があるとして、国の特定外来生物に指定され、飼育、移動などが厳しく規制されている。

クリハラリスは、日中、電線もよく移動に使い、観光客などもその姿をよく目にする。しかし、クリハラリスの姿を見たときの彼らの第一声は、ほとんどの場合「かわいい」なのである。この動物がどのような存在なのか、一般には、まだまだよく浸透していないのだ。クリハラリスは、電線を移動に使うだけではない。電柱の上あたりにサッカーボール状の巣を作ったり、あちこちをかじったりもする。そのため、通信障害が起こったり、火災の原因になったりする可能性もあるのだ。

クリハラリスの問題は、官民協力して取り組んではいるが、なかなかゴールは見えない状態だ。ただ、悪いのは、この動

物を野に放ってしまった私たち人間なのだ。クリハラリスには罪はない。このことは、決して忘れてはならない。ビル街でクリハラリスの愛らしい姿を見るたび、私は胸が痛くなる。

街灯

街灯という言葉を聞くと、私は胸が高鳴る。子どものころ、亡き母と夏の夜、何度も街灯めぐりをした思い出がよみがえるからだ。目的は、もちろん、虫とりである。江戸川区にあった自宅近くでも、旅行先でも、母の実家のある名古屋でも、街灯めぐりをした。夜、1本1本の街灯を訪ね歩く期待と興奮は、今でも忘れない。

ビルの立ち並ぶ都会にも、街灯はたくさんあり、夜になると、それなりに昆虫などが集まってくる。とくに、まわりが比較的暗いオフィス街や、大きな緑地の近くのものは、期待が持てる。できれば蒸し暑い真夏の夜がいい。

まず、少し離れたところから街灯を眺めてみよう。明かりのまわりに30秒間隔ぐらいに出現し、飛び回るスズメぐらいの大きさの生き物がいるかもしれない。これは、アブラコウモリだ。小さな昆虫を、口から出す超音波を使って位置を確認し、飛びながら食べているのだ。

2ひき以上が、同じような場所を飛んでいることもある。コウモリどうしがぶつからないのも、超音波のおかげだ。

アブラコウモリがいるということは、昆虫も集まっているということなので、次は、街灯の真下あたりまで行ってみよう。まず地面を確認する。ビル街にも、昆虫などを狙って、近くの緑地からアズマヒキガエルがやってくることがある。予想以上に大きなものがいて、同行者がいたら、叫び声をあげるかもしれない。

最後に、見上げる。すると、アブラコウモリに交じって、コフキコガネ、アオドウガネなどのコガネムシの仲間をはじめ、いろいろな昆虫がときおり街灯に激突しながら飛び回っていることだろう。突然、白く見える小鳥のようなものがひらひらと空間に飛び込んでくるかもしれない。都会で見られる最大のガと言ってもよさそうな、オオミズアオだ。これが現れたとたん、あたりのムードは、まるでエドガー・アラン・ポーが書く小説のようにミステリアスになる。

ネオンサインのまわり

ネオンという言葉もまた、別の意味で胸が高鳴る。こちらは、大人になってからのことだ。私は、酒が大好きだ。そして、酒を飲める環境も大好きだ。山の中にいても幸せだが、ネオン街にいても幸せなのだ。

ネオンサインにも、駅の上や繁華街の大きな交差点に立つビルの上などで輝いている大きなものから、路地の奥で客を誘う小さなものまで、いろいろなタイプがある。

大きなネオンサインには、じつは、野鳥が集う。そこはたいがいかなり高い場所なので、見たいときは、双眼鏡を使うといい。夕方、明かりの灯り出したネオンサインのまわりを、まるで蚊柱《かばしら》のように鳥が飛び交っている。騒がしい声も、地上までよく聞こえてくる。夜のとばりが落ちると、静かになる。しかし、いなくなったのではない。ネオンサインの赤や青などの光を浴びながら、そこにとまっているのだ。これらの鳥は、集団で、ネオンサインのまわりをねぐらにしている。夕方、あちこちから何羽、何十羽と集まってきて、夜を過ごし、

朝になると、また散らばってい く。人間であれば、ネオンサインのまわりなど、明るくて、うるさくて、とても安眠できそうもないが、鳥には、暖かくて、天敵の肉食哺乳類や猛禽類などに襲われにくい、快適なホテルのようなものだ。だから、ここに集まってくるのは、ほとんどの場合、ハクセキレイ、ムクドリなど、小鳥だ。

小さなネオンサインのまわりには、ニホンヤモリがよくいる。餌となる昆虫を待っているのだ。色が変わるネオンサインの明かりを全身に受けて、ニホンヤモリの色も変わる。私はこれを「アーバンカメレオン」と呼びたい。この場合、もちろんアーバンカメレオンは、身を隠すために色を変えるのではない。

ほろ酔いでバーを出ると、雨上がりの路地の地面には、ネオンサインの明かりが映っている。そこをクマネズミが横切る。私の頭の中で、「ソニー・ロリンズ」の奏でるテナーサックスが流れ出す。いい夜だ。

自動ドア

自動ドアを通るのは人間だけと思うのは、当然のことだ。しかし、自然界では、私たちの想像を超えることがたびたび起こる。自動ドアの奥に営巣し、自動ドアを通過して、餌をとりに行ったり、とった餌をヒナに運ぶ生き物が現れたのである。

その名は、ツバメ。言わずと知れた渡り鳥である。ツバメのような生き物を、「シナントロープ」という。ギリシア語で、「人間社会のすぐ近くに暮らし、人間社会の恩恵を受けて生きる野生生物」という意味だ。この本によく出てくるスズメ、ハシブトガラス、クマネズミなど、皆そうだ。ツバメは、商店街の店の軒先、ビルの駐車場の天井、駅の階段の上など、たくさんの人間の通る場所に、よく営巣する。これらは、天敵であるハシブトガラス、ノネコなどから身を守るためだ。つまり、人間がそれらを、追い払ったり、近づけたりしない環境をうまく利用しているのだ。このあたり、たいした自信と思うが、「ツバメはかわいい」、「ツバメ

が巣を作ると商売が繁盛する」などと、多くの日本人はツバメに好意的だ。さらに、巣が落ちてしまわないようにしたり、巣を作りやすいように小さな棚を吊ったりもする。ほかの野生生物で、これほど人間が愛情を注ぐものがあるだろうか。ツバメも、長い年月をかけ、そのことを本能的に知っているのだろう。

　さて、そのツバメにとっても、自動ドアはやっかいな存在だ。ある程度の重さや動きなどを感知しないと、開かないからだ。しかし、だれも教えていないのに、センサーの前でいったんホバリングして、自動ドアを開けて通るツバメが現れた。室内には巣があり、ヒナがいる。室内育ちのツバメだ。この本では、いろいろな生き物の道を紹介しているが、これほどSF的なものはないだろう。じつはこの現象は毎年のように起こっている。そのうち、4桁の暗証番号をくちばしを使って打ち込み、ドアを開けるツバメが現れるかもしれない。

4章
寺社の境内

大木の幹
P76
石碑、石燈籠
P86
手水舎
P77
墓石
P87

空
P92
屋根
P84
屋外トイレの外壁
P90
建物の外壁
P81
土の地面
P89
案内板
P82
床下
P79

大木の幹

寺社には独特のムードがある。もちろん神聖であるのだが、それだけではない。『ゲゲゲの鬼太郎』風に言えば、妖気を感じるのだ。怖いものだけでなく、人間に福をもたらすものや友好的な妖怪の気配も含まれる。筋金入りの妖怪マニアを自負する私にとって、そこはとても気分のいい空間だ。

寺社の境内には大木が多い。御神域として、長い間、開発の手が入らなかったことも理由のひとつだろう。その木々の幹は、多くの生き物の通り道だ。

まず思い浮かぶのは、セミである。じつは、セミは種類によって好みの樹種が微妙に違う。ソメイヨシノ、ケヤキにはニイニイゼミ、アブラゼミ、ミンミンゼミなどがくる。カキノキにはツクツクボウシなどがくる。アオギリにはクマゼミなど、スギ、ヒノキにはヒグラシなどが、よくくる。それぞれ、樹によって味が違うのだろうか。私たちが、レストランのバイキングで、各自好きな飲み物をドリンクバーにとりに行くことに似ている。

そして、エノキの大木の幹は「空飛ぶ宝石」ことヤマトタマムシが、くる。クロマツやアカマツの大木の幹は、渋い美しさのウバタマムシが、歩く。寺社の境内には少ないが、クヌギ、コナラの大木があれば、おなじみのカブトムシやクワガタムシの仲間なども歩くだろう。

極めつけは、ムササビだ。この動物は、滑空前や滑空後、よく大木の幹を、鋭い爪を使って歩く。ムササビが生息している寺社の境内にある、大木の幹の特定部分の樹皮が、妙にささくれだっていたら、そこは定期的

に滑空してきたムササビが着地する場所と考えていい。
むかしは、寺社の境内を遊び場とし、そこで木登りをする子どももけっこういたので、寺社の大木は、人間の通り道でもあった。

手水舎

手水は「てみず」または「ちょうず」と読み、参拝する前に両手を清め、口をすすぐために使われる清水のことだ。その水で

身のけがれを清めることを「手水を使う」という。そして、その水をたたえている場所が手水舎である。
　ここは本来、とてもきれいな手水がある場所なのだが、古い寺院や神社に行くと、無人のために手水自体がしばらく取りかえられてなかったり、雨水が入ったりして、とても汚れた水が溜まっていることがある。
　そしてこの中は、ほぼ全域が、ある不思議な生き物の通り道になっていることが多い。エスニック料理屋でよく見かける生春巻を縮小させたような姿の生き物が、体をくねらせながら泳いでいるのだ。その様子は、泳ぐ、というより、悶え苦しむ、という感じだ。正体は、ハナアブの仲間の幼虫である。ハナアブの成虫は、ハエに典型的なハチの色彩を施したような昆虫で、名前の示す通り、花の蜜や花粉を食べている。メスは、よく汚れた水溜まりの水辺の泥の中に産卵し、そこから孵った幼虫が、泳ぎ回るのだ。この幼虫には、よく見ると、細長いしっぽのような部分がある。これは呼吸管で、これを水上に出して体内に空気を取り込むのだ。

さらにもうひとつ、汚れた手水には、ミステリアスな生き物がいることがある。ハリガネムシの仲間だ。こちらは、ソーメンに似ている。よくカマキリのおしりから出てくる寄生生物だ。この生き物は本来、あまり流れのない汚れた水中にいて、そこで生まれたり、交尾をしたり、産卵をしたりしている。だから私にとって、汚れた手水は見逃せず、必ずチェックするポイントになっている。

手水舎のほうに目を向けると、それがわりと新しいものであっても、柱や天井などに、セミの抜け殻、カマキリの卵のう、クモの卵のうなどが、けっこうついている。それらの生き物が、そこを歩き回った証拠だ。さらに、日が暮れると、それらの昆虫を狙って、ニホンヤモリも通る。

床下

寺社の床下は、近ごろは動物や冒険好きの子どもなどが侵入できないように、外から金網などでふさがれていることも多い。しかし、網の目を抜けることのできる小さな生き物や、破れた部分を探し出した哺乳類などが、けっこう通る。

私には、神社の床下を見ると、条件反射的に探してしまう生き物がいる。それは、アリジゴクこと、ウスバカゲロウの幼虫だ。この昆虫ほど成虫と幼虫の姿が違うものもないだろう。成虫のウスバカゲロウはトンボを、幼虫のアリジゴクはクワガタムシをそれぞれ小さくしたような感じである。乾燥した柔らかい土にすり鉢状のすみかを作るこの生き物にとって、雨があたりにくく、砂状の床下は、「最高の物件」に違いない。

ついでに、アリジゴクを捕まえるいい方法を紹介しよう。柄つきの茶こしを使うのだ。それで、すり鉢状のすみかを、底のほうから、砂ごとすくう。そしてふるいにかける。気がつけば、茶こしの底に、小さいながらも迫力満点のアリジゴクがいるだろう。この方法を、私は、「アリジゴク地獄」と呼んでいる。

寺社の床下には、ノネコ、アライグマ、ハクビシンなどいろいろな哺乳類が入り込むが、私の経験では、タヌキがいることがとくに多い。そこを通るだけでなく、そこで、交尾、出産、子育てなどをすることもある。床下から外へ出てくるのは、だいたい日没30分後ぐらいが多いので、少し離れた場所で待っていればいい。動き出すときに鳴くこともあるので、耳も澄ませていよう。タヌキの鳴き声は「ポンポコポン」ではない。ヨシ笛のような、細い「キュー」という音だ。

私は小学生のとき、自宅の近所の神社の床下で、拾ってきたノネコの子を友だちと飼っていたことがある。そして、ある日、神主に見つかり、ひどく叱られて、ノネコを取り上げられてしまった。神社の床下は、悲しい思い出の詰まった場所でもあるのだ。

建物の外壁

寺社の外壁も、いろいろなタイプがある。土の壁、板の壁、コンクリートの壁、トタンの壁などだ。それらもよく見てみてほしい。ときには、祭礼の案内ポスターの上や下、千社札《せんじゃふだ》の上などに、生き物が歩いたり這ったりしている。

「壁銭《へきせん》」というものをご存知だろうか。寺社の外壁に、直径20～30ミリの、白い多角形のかたまりがついていることがある。これは、ヒラタグモという、名前の通り平たいクモのすみかだ。これが壁についた銭のようだということで、そう呼ばれるのだ。「壁銭」は、漢方として使用されていたという説もある。なんとこれをとって傷口に貼り、止血に利用したという。私も一度試してみたいと思っているのだが、けがをしたときには、近くに「壁銭」が見当たらず、「壁銭」の近くでは、あいにくけがをしたことがないし、わざとけがを負う勇気もない。人生はうまくいかないものだ。

ヒラタグモはこの多角形のすみかから壁上に、放射状の糸をいくつも引いている。長いものだと30センチぐらいになる。そして、これらの糸のどこかに獲物が触れると、その振動を感知し、「壁銭」の下から飛び出して、獲物を糸で巻いて、かみついて、「壁銭」の中へ運ぶ。つまり寺社の外壁は、ヒラタグモの放射状道路のようなものだ。もちろん、古民家の外壁、公園の東家の壁などにも「壁銭」はある。

寺社の外壁やそれをつなぐ柱などに、爪あとがついていたら、アライグマやハクビシンの通り道の可能性が高い。これらの動物は、日中は本堂の屋根裏などで休んでいて、日没後、柱や外壁を伝って屋外へ出て、また明け方、ここを通って屋根裏に戻る。本堂などの天井に雨漏りのようなしみが出てきたら、それらの糞尿かもしれないので、早めに業者に屋根裏を確認してもらおう。

案内板

寺社の境内には、由来が書いてあるもの、注意事項が記してあるもの、恒例行事の紹介など、いろいろな案内板がある。「消火器」、「トイレ」、「順路」など、一目瞭然のものもある。それらの案内板を、移動に使っている小さな生き物がいる。

設置後しばらく経った案内板に、ほぼ間違いなくついているのが、ほかのページでも紹介している、ナメクジやカタツムリの、這いあとと食べあとだ。白色や銀色に光る線は、這いあと、登山案内看板に描かれた登山ルートのような、まるで人間の腸のような、くねった線は、食べあとだ。案内板には、晴れた日中でも、それらの線をつけた主である、ミスジマイマイなどのカタツムリがついていることもある。柔らかい部分は出ていない。しかし、落ちずについているということは、休んでいるだけで生きている。それを案内板からはがし、手のひらにのせてしばらくすると、動き出す。手のひらが床暖房のように温かいからだ。

　案内板には、チョウやガの蛹も、ついている。幼虫のときは、食樹や食草の葉にいることが多いが、蛹になるときに、そこから近くの人工物に移動することがあるからだ。そのとき、幼虫は、移動のために案内板の上を歩き回る。境内にナツミカンの木があればナミアゲハ、クロアゲハなどの蛹が、クスノキやタブノキがあればアオスジアゲハの蛹がついている。それらは、すでに羽化後で、羽化殻になっていることもある。

　案内板には、ジャコウアゲハの蛹がついていることもある。境内のどこかに、このチョウの食草であるウマノスズクサという植物がある証拠だ。この蛹は、「お菊虫」とも呼ばれる。「いちまい、にまい」と皿を数える亡霊の「お菊さん」で有名な怪談『播州皿屋敷《ばんしゅうさらやしき》』で、殺されて井戸に投げ込まれたお菊という女性の怨念が、この蛹になったという言い伝えがあるからだ。確かに、ジャコウアゲハの蛹は、後ろ手に縛られて井戸に吊るされた和服の女性に見えなくもない。だが私には、この蛹は、『ウルトラマン』第19話「悪魔はふたたび」（1966年）などに登場した、

「赤色火焔怪獣《せきしょくかえんかいじゅう》バニラ」の頭に見えて仕方がない。ぜひ機会があれば、その姿をじっくり見てほしい。

屋根

寺社の屋根は、たいがい、瓦屋根だ。ここを通るのは、時代劇の忍者や泥棒ばかりではない。自然界の大物もよく通るのだ。

街なかにある寺社の場合、ノネコ、ハクビシン、アライグマ

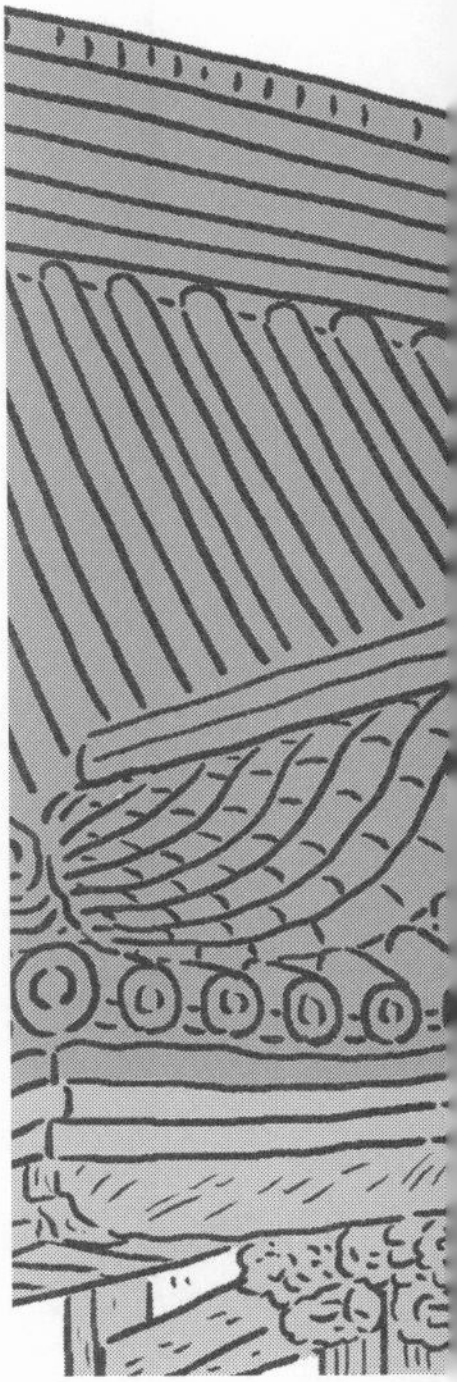

がよく通る。タヌキは、ここまで高いところへはほとんど登らないので、まず通らない。ノネコはともかく、ハクビシンとアライグマが、頻繁に通るときは、警戒したほうがいい。それらは、屋根や壁の穴や隙間から、天井裏に侵入している可能性が高いからだ。そこで繁殖することも少なくない。ハクビシン、アライグマが長期間天井裏にいると、人間にいろいろな害を及ぼす。まず、においだ。野生の哺乳類には元々強い体臭があるが、加えて、糞尿、食べ残した餌などが、強烈なにおいを発する。そして、汚れ。糞尿は、天井裏だけでなく、部屋の天井にも大きなしみを作る。その下あたりに国宝などがあれば、事態は深刻だ。次に、音。日中は天井裏で休んでいることが多いので、比較的静かだが、夜間は活発に動くので、逆にその時間休んでいることの多い人間には、騒音となる。さらに、感染症の心配もある。早めに対処すべきだ。

　大きな鎮守の森に囲まれている寺社の屋根は、夜間、テンが通ることがある。どこかで鳥などを襲ったあとは、口のまわりに赤い血をつけていることがあり、一瞬こちらを見て、その顔が境内の明かりに照らされると、鳥肌が立つ。ムササビは、基本的に滑空することで移動するが、ときおり、屋根を歩くこともある。そのときの様子は、気の毒になるくらい大変そうだ。滑空のための飛膜がじゃまになるのだ。私が親しくさせていただいている八王子市にある高尾山薬王院では、以前、寺務所の畳の上に、天井裏からムササビが誤って落ちてきたことがあるそうだ。ムササビはもちろん、人間も、さぞかし肝をつぶしたことだろう。

石碑、石燈籠

石碑や石燈籠を見ると、私はなぜか気持ちが落ち着く。そして、いつもそれらの後ろから小柄な人間に近い姿の妖怪が、突然顔を出すような気がして、しばらく待ってしまうのだ。

石碑には、いろいろな文字が彫られている。そして、それらの中を通る生き物がいる。ダンゴムシ、ワラジムシ、小さなクモなどだ。石碑の平らな部分には、テントウムシ、カメムシなどがよくついている。寒い季節には、石碑の日あたりの悪い面で、ナミテントウが集団越冬していることもある。雨の日は、ナメクジやカタツムリもよく通る。池のある境内では、晴れた日中、石碑の裏でニホンアマガエルが休んでいることもある。それは、石碑に合わせて、暗い色になっていることが多い。

雨が降り出すと、石碑の上を歩き回る。

石燈籠には、よく、野鳥がとまる。スズメ、ムクドリ、水辺であればハクセキレイなどだ。そして、少し歩く。ときおり、ハシブトガラスも一番上にとまるが、体が大きいせいか、ほとんど歩かず、飛び去る。

石燈籠の隙間や穴には、小さなクモが網を張っていたり、ガの繭がついていたりする。手入れの行き届いた境内では、庭師などにより、それらはすぐに取り除かれ、驚くほど何もついていないこともある。

ところで、春から初夏にかけてのよく晴れた日中、石碑や石燈籠の上を、辛子明太子の一粒のような赤く小さな生き物が、たくさん歩き回っているのを見たことはないだろうか。子どもたちはこの正体をよく知っていて、「赤むし」などと呼んでいる。これは、カベアナタカラダニだ。ダニという言葉を聞くと、人間にかみつくやっかいな生き物というイメージを持たれやすいが、このダニは、コンクリートなどに溜まった花粉や有機物を食べるので、たくさんいても心配はいらない。ただし、指などでつぶすと赤い汁が出るので、それが衣服などにつかないよう気をつけよう。じつは、カベアナタカラダニは、現在までのところ、オスは見つかっておらず、メスだけで増えていく、とても不思議な生き物なのだ。

墓石

寺に墓地はつきものだ。古い墓地には、そのあたりでは、もうそこにしか生えていない野草や、そこにしか暮らしていない昆虫がいたりもする。無断で縁もゆかりもない墓地をうろつくのは問題なので、墓参りのときにでも、自分のご先祖様などの墓石やそのまわりを観察してみよう。

墓石やそのまわりには、しばらく掃除をしていないと、いろいろな小さな生き物がやってくる。苔むしていたり、カビが生えていたりすれば、ナメクジやカタツムリの、這いあと、食べあとがいくつもついているだろうし、墓地の樹木や野草を食べ物とするチョウやガの蛹がついていることもあるだろう。

墓石の前方正面にあることの多い、水鉢、または、水受けは、故人が飲む清水を供えるものので、きれいな水が入れられる。この水を、罰当たりにも、水浴びや飲み水に使うのは、スズメ、シジュウカラ、ヒヨドリ、キジバト、ハシブトガラスなどの野鳥だ。夕方のねぐら入り前は、群れで訪れることもある。日が暮れると、さらに罰当たりな生き物がやってくる。タヌキ、ハクビシン、アライグマなどだ。御供え物を喰い散らかし、水鉢の水を飲み干す。

これは日中の話だが、山のふもとの墓地には、ニホンザルの群れが、定期的に訪れ、御供え物だけでなく生花もわしづかみにして食べる。墓石の上で日向ぼっこをし、そこに大きな糞もする。まさに罰当たりの極みだ。私は、テレビの取材中、小田原市の墓地で供えられていたカップ酒を親子で飲み干すニホンザルを目撃したことがある。私たちが近寄ると、その親子ザルは、なんと千鳥足で逃げていったのである。

動物による被害を防ぐために、近ごろは、実物の食べ物や花を供えることを禁止している寺も多い。故人もあの世で、がっかりしているに違いない。

土の地面

アスファルトで覆われた都会でも、墓地に入ると、土の地面がけっこうある。人間も動物なので、土を踏むと、やはり気持ちが落ち着くものだ。墓参りをすると心が安らぐという人がけっこういるが、その理由のひとつが、じつは、土を踏むことかもしれない。

ある程度まとまった土の地面があれば、そのあちこちに、土の小さな山が目に入るだろう。これは、モグラの動いたあとである。これが目立つ場所では、地中に、モグラの餌となるミミズ、コガネムシの幼虫、セミの幼虫などがいるということだ。土の中に、そのような生き物の道路網があるのだ。

しかし、このような生き物の姿も、ふだん、なかなか見ることができない。ただ、それらの開けた穴は、けっこう見つかる。大人の人差し指の第一関節ぐらいまでは入りそうな穴は、セミの幼虫が羽化のために地上に出た穴であることが多い。穴の近くの樹木の幹や塔婆《とうば》に、抜け殻がきっとついているだろう。

そして、主に春から夏にかけて、傘の先で突ついたような穴が、固い土にいくつかまとまって空いていることがある。これは、「ニラ虫」の巣穴であることが多い。「ニラ虫」の正体は、ハンミョウの仲間の幼虫だ。地中に縦に穴を掘り、頭でふたをするように地表近くで小さな生き物を待つ。そこを獲物が通るとかみつき、地中に引きずり込み、食べるのだ。この幼虫の穴に、細めのニラやノビルなどの葉を入れると、幼虫が、いったん穴の奥へ下がるが、取り除くために葉にかみついて押し上げようとする。そのタイミングで葉を穴から抜くと、幼虫が釣れてしまうのだ。

屋外トイレの外壁

今、屋外トイレを見ることは、だいぶ少なくなった。そのむかしは、田舎へ行けば、個人宅でも屋外にトイレのある家はたくさんあったし、街なかにも公衆便所がよくあった。考えてみれば、トイレを使うためだけに、たくさんの人々に私有地に入られては、防犯上もよろしくないのだろう。しかし、現代でも屋外トイレがほぼ必ずある場所のひとつが、寺社の境内だ。

寺社の境内の屋外トイレの外壁は、木立に囲まれていたり、夜通し電気がついていたりするため、街のマンションなどの外壁などに比べて、そこにいる生き物の数も種類も、かなり多い。カマキリの卵のう、セミの抜け殻、クモの卵のう、ガの繭、ハチの巣など、生き物、及び、生き物の痕跡の、実物図鑑だ。

ここでは、私が強く推薦す

る、夜の寺社の屋外トイレの外壁を歩き回る「2大モンスター」を紹介しよう。ムカデとゲジだ。この時点でページをめくろうとしている人もいるだろう。ここまで読んでしまったら、あともう少しなので、諦めて読み進めてほしい。

まず、ムカデ。言わずと知れた身近な危険生物である。とくに日本の広い範囲に分布し、体長が15センチほどにもなるトビズムカデは、迫力満点である。獲物の存在を触角で探り当て、2本の顎肢《がくし》という部分でかみつき、弱らせて食べる。危険を感じると、人間も、これでかむ。激しい痛みと腫れに苦しめられることになるので、決して触ってはならない。

次は、ゲジ。オオゲジという、やはり、強烈なルックスのものがいる。体長は大きくても6センチぐらいだが、あしが長く、かなり大きく見える。毒は持たないが、かむこともあるので、触らないほうがいい。むかしからあまり変わらない環境を好むので、長い歴史のある寺社の境内に多い。目が退化したムカデと違い、複眼を持つため、顔を正面から見ると、意外とかわいらしいと思うのは、私だけか。

空

寺社の境内からも、もちろん、空が見える。この空は、ほかの場所の空とはひと味違う、生き物が通る。それらを、時間を追って紹介しよう。

まず、早朝。この時間帯の空の主役は、野鳥だ。メジロ、シジュウカラ、ヒヨドリ、キジバトなど、おなじみのものに加えて、それらを追うオオタカ、ハイタカ、ツミなどの猛禽類もときおり通る。猛禽類が見られれば確かにうれしいのだが、一度それらが出現したあとの境内は、あれほどいたのにどこへ行ってしまったのだろうと思うほど、ほかの野鳥たちの気配がなくなり、まるでゴーストタウンと化す。痛し痒しといったところだ。

日中は、昆虫王国となる。大きなエノキがあれば、スーパースターが次々と姿を見せる。郊外であれば、国蝶オオムラサキがはばたきと滑空を交互に行う独特の飛び方で、木立に囲まれた空のよく見えるところを飛び回る。そこに侵入したものは、たとえそれが天敵の野鳥であっても追い払う。野鳥は、その勢いに負けて、餌になる可能性のある生き物に不本意ながら追われるのだ。そして、さきほども登場した「空飛ぶ宝石」ことヤマトタマムシ。金属光沢がまるで宝石のように美しく光り輝く。真夏の、よく晴れた日の、午後2時ごろという、熱中症になる危険性の極めて高いときに、エノキの上などを飛び交う。帽子とこまめな水分補給を忘れずに、見とれてほしい。

そして夕方は、日中は建物の隙間などで休んでいたアブラコウモリが飛び立つ。血のような色の夕焼け空にコウモリが乱舞する光景は、いつ見てもホラー映画のオープニングのようだ。

しかし、ハイライトは、夜だ。郊外の鎮守の森には、日本を代表する珍獣、ムササビがすんでいることが多い。日没30分後ぐらいに、大きなスギの上あたりから、座布団のようなものが音もなく夜空を通る。暗い森の中から「グルルルルル」という不気味な鳴き声も聞こえてくる。ムササビのショータイムの開幕だ。長い時間、真上を向いていると首が痛くなるので、許可が取れれば、境内にブルーシートなどを敷いて、仰向けに寝て、ムササビの滑空を満喫しよう。ベストシーズンは、意外にも冬だ。ムササビは基本的に冬眠をしないので、防寒対策さえ万全にしていけば、木々の葉の多くが落ちて空が広くなるため、ムササビの滑空が長く見えるし、日没時刻が早いためムササビも早い時刻に出てきて、私たちも、早く家に帰れるのだ。

5章 河川敷

川にかかる橋の上
P105
川にかかる橋の裏側
P106
ヨシ原
P108
川の上
P98
水中
P109

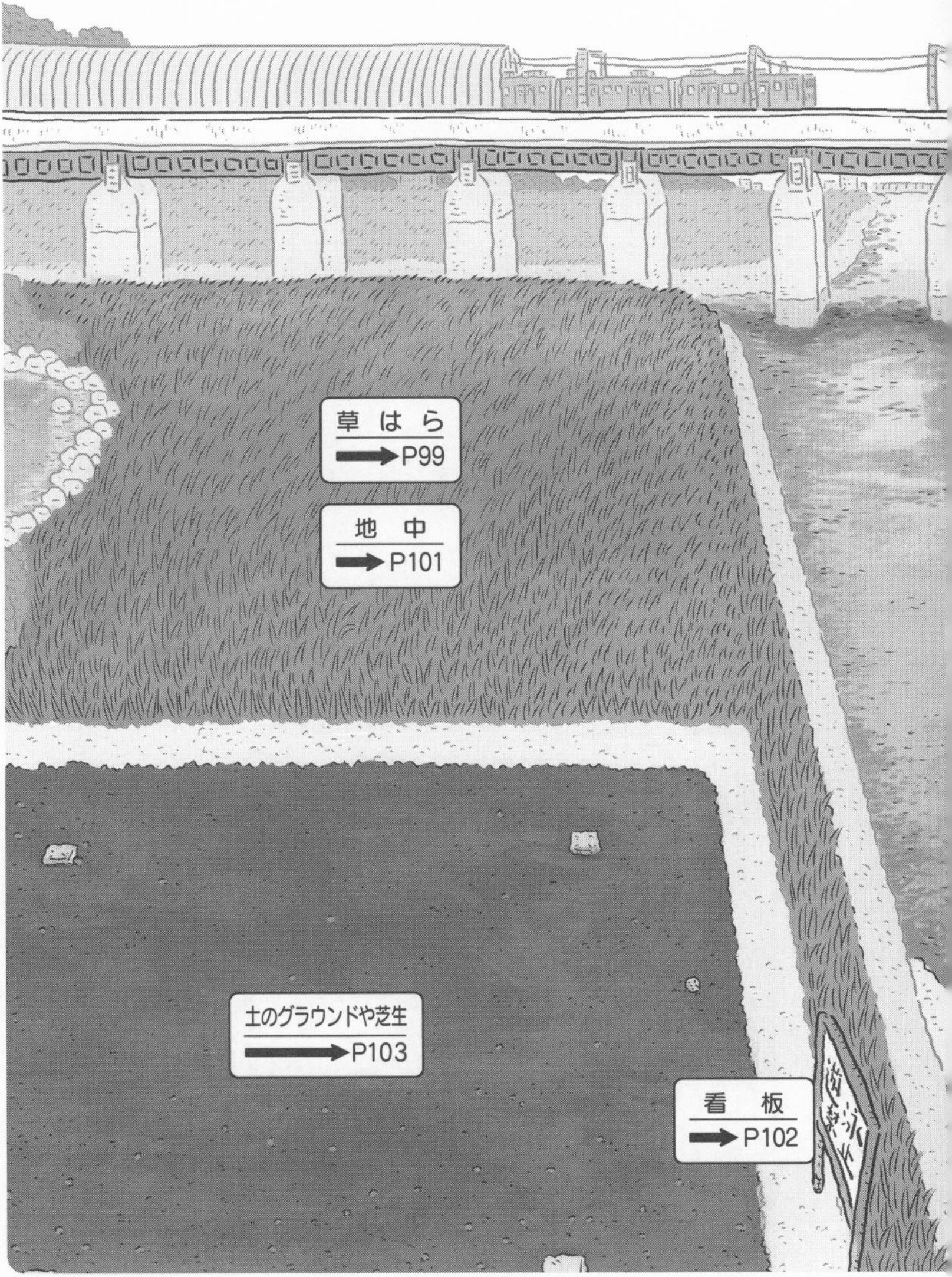
草はら
→P99
地中
→P101
土のグラウンドや芝生
→P103
看板
→P102

川の上

私は、東京都江戸川区の江戸川の近くで生まれ育った。だから今でも、大きめの川のほとりに立つと、胸が高鳴る。子どものころは、川で捕まえた、カメ、カエル、魚、トンボなどをたくさん飼った。私は「川の民」なのだ。

川の上の空をまるでハイウェイを走る自動車のように、高速で飛び回る野鳥を2種類、紹介しよう。まず、夏鳥のツバメだ。ツバメは街の鳥のイメージが強いが、じつは、大きめの川の水面上の低空も飛び回る。さらによく観察していると、ときどき、小さな水しぶきを上げて、水面に衝突する。これは主に、水を飲んでいるのだ。暑い日は、ツバメもこまめな水分補給をしないと、体が弱ってしまう。水鳥のように、浮いたり、水深の浅い場所に立ったりすることができないので、水面すれすれを飛び回りながら飲む。

しかし、悲劇は、いつでもどこでも、起こってしまう。私は、今までに二度、水面で水を飲んだツバメが、二度と姿を現さなかった現場に、居合わせた。単なる飛行ミスなのか、突然の大波にのまれたのか、水中から大きな生き物に襲われたのか、原因はよくわからない。見ていてとてもかわいそうになったが、陸地からどうすることもでき

なかった。

もうひとつの鳥は、コアジサシという。こちらもやはり夏鳥で、「キリッ、キリッ」という鳴き声が聞こえてきたら、近くの川の上を、この鳥が何羽かで飛んでいるはずだ。ツバメよりひと回りほど大きく、白いタキシードを着たような姿の鳥で、結婚式の花婿を思い起こさせる。水面上で突然ホバリングをしたかと思うと、水中に向かって真っ逆さまに、まるで小石が落ちるかのように飛び込む。再び空に戻ったときには、くちばしで小魚をはさんでいるだろう。この魚のとり方から名前を「小鯵刺」と書くのだが、じつはコアジサシがとるのは、川魚のことも多いのだ。

草はら

近ごろは、まとまった広さの河川敷の草はらも、なかなかお目にかかれなくなった。たいがい、ゴルフ場、サッカー場、野球場、陸上トラックなどになっているからだ。つまり、「原っぱを原っぱとして残している」場所が少ないのだ。小さな子どもにとって、虫を追いかけたり、寝転んだりする場所は、まさにワンダーランドだと思うので、とても残念なことである。

河川敷の草はらは、じつにさまざまな生き物が通り道にしている。それらの中で、多くの人がまず思い浮かべるのは、バッタではないだろうか。とくに「バッタ界の王様」、トノサマバッタは、足元から跳び立つと、地上2、3メートルの高さを、かなり長い時間跳び続け、はるか遠くに行ってしまう。ときには、わりと川幅のある川を越え、対岸に着地することもある。こうなると、網があっても捕まえるのは難しい。だから私は、河川敷で虫かごにトノサマバッタを入れた子どもに出会うと、必ずほめることにしている。長い距離を跳べないショウリョウバッタを持った子どもには、「良かったね」とは言うが「偉いね」とは言わない。

そして、トンボ。近くの水中で育ったトンボなどが、飛び回っている。夏は、ギンヤンマ、シオカラトンボ、ウスバキトンボなどが目立つ。秋は、アキアカネ、ノシメトンボなどをよく見る。これらのトンボを見かけたら、バッターボックスに立つバッターのように、網を構えて待ち、近くまできたら勢いよく振るのだ。ひねった網の中から、トンボがはねを動かすカサカサという音が聞こえたときの気持ちは、経験した者にしかわからないだろう。

ヒバリも、河川敷の草はらの代表的な生き物だ。空の高いところから降りると、地上を少し歩く。これは、ヒバリは地面で営巣するため、天敵などに、巣の位置をわかりにくくするためのカモフラージュだ。だから、ヒバリの道は、河川敷の空だけでなく、地面にもある。

郊外の河川敷の草はらには、タヌキ、キツネ、ウサギなど、日本のむかし話によく登場する動物も、歩いている。

地中

河川敷の地中にも、トンネルネットワークがある。それらは、主に、モグラ、ケラ、ミミズの仲間などの通り道だ。そこでは、地上からは想像もつかないさまざまな生き物のドラマが、毎日のように作られているのだ。

ある程度まとまった土の地面であれば、そのあちこちに、街のラーメン屋でよく見かける、皿に盛ったチャーハンのような土の小さな山が目に入るだろう。これは、モグラの動いたあとである。モグラのあとというと、「ここから顔を出した」と思う人も多い。よくマンガに、サングラスをかけて地上に顔を出したモグラが登場するが、そういうことは滅多にない。滅多にないというのは、サングラスをかけていることが滅多にないということではない。地上に顔を出すことが滅多にないという意味だ。「モグラのチャーハン」は、モグラが地中で、新しいトンネルを掘ったり、古いトンネルを修理したりするときに出る土を、地上に押し出したあとなのだ。

「モグラのチャーハン」は、正しくは、「モグラ塚」という。これが目立つ場所では、地中に、モグラの餌となるミミズ、コガネムシの幼虫、セミの幼虫などがいるということだ。土の中に、そのような生き物の道路網があるのだ。

モグラの主な餌は、ミミズの仲間だ。モグラがいるところにはミミズの仲間がいるし、ミミズの仲間がいるところにはモグラがいる。

　そして、ミミズの仲間の主な痕跡は、土や芝生でよく見る、まるでタンタン麺にのっている挽き肉のような、小さな土の粒がいくつも集まったものだ。モグラの痕跡でチャーハンを思い出し、ミミズの仲間の痕跡で、タンタン麺を思い出す。中華料理つながりだ。

　ケラは、オケラと呼ばれることのほうが多い。有名な歌である『手のひらを太陽に』の歌詞でも、オケラとなっている。ケラを実際に見たことがある人は、少ないと思うが、その大きな理由のひとつが、基本的に地中にいるからだ。とくに河川敷のような湿った土の中によくいる。河川敷にできた自動車の轍が大雨で小さな池のようになると、その下にあったトンネルに水が入り、ケラが浮かび上がってくることがあり、このとき、よく姿を目撃される。ケラは、よく鳴く。オス、メス両方鳴くが、オスの声のほうが大きい。「ビョー」というこもった音だが、それは、地中のトンネルの中で鳴いているからだ。

看板

　河川敷に立てられた看板は、たいてい「あぶないよ」、「川に入ってはいけません」、「このへんはこわいぞ」などの注意書きが多い。ときどき、私の大好きな妖怪、カッパの絵が描かれていることもある。とくに、リアルな画風で古びたものはかなり不気味で、薄暗いときに見ると、ほんとうに怖い。

　そういうものも含めて、河川敷には、いろいろな看板がある。そして、それらにも、生き物の道があるのだ。

まずはおなじみ、ナメクジやカタツムリの、這いあとと食べあと。これらは、河川敷に限らず、本書に出てくるほとんどの場所にある看板に、たいがいある。河川敷では、ナメクジやカタツムリのすみかになってい る草むらが、看板の下やすぐ近くにあるとき、とくに多い。

そして、大きさや形のさまざまな、クモの網も、よくある。ハエトリグモの仲間のように、網を張らずに、看板の上を縦横無尽に歩き回るタイプのクモもいる。さらに、クモが歩くということは、それらの餌となる昆虫も歩くということだ。

とくに河川敷の看板にある生き物の道といえば、小鳥のものだ。それは、看板の上というより、看板の中にあるのだ。ポールつきの看板のポールの頂点のふたが、壊れていない場合、または、もともとない場合、上から見ると、そこは細い縦のトンネルのようになっている。主に春から初夏にかけて、そこを、樹木のうろなどに営巣する樹洞性タイプの野鳥が、産卵、子育てのために使うことがあるのだ。河川敷では、シジュウカラ、スズメなどのことが多い。もしこの道を見つけても、営巣中は、けっしてのぞいてはならない。鳥が機を織っているからではなく、親鳥が警戒して巣を放棄してしまうことがあるからだ。そうなれば、卵、ひなは、死んでしまうのだ。

土のグラウンドや芝生

河川敷の草はらは、近ごろ少なくなってきたと先ほど書いたが、代わって増えてきた土のグラウンドや芝生をよく利用する生き物もいる。主に、野鳥だ。

まず、ツグミ。秋にシベリア方面などから飛んできて、春にまたそちらに戻っていく、スズメとドバトの中間ぐらいの大きさの渡り鳥だ。河川敷の土のグラウンドや芝生に、1羽ずつ散らばり、ミミズなどの餌をとっている。テリトリーを守る習性が強く、ほかのツグミや別の小鳥が近づくと、ものすごい勢いで追い回す。その「鳥模様」を観察するのもおもしろいが、ツグミの歩き方に、ぜひ注目してほしい。「ピョンピョンピョン」と少しホッピングで移動したあと、ピタリと止まる。これを、何度もやる。ピタリと止まるのは、まわりを警戒するためとも言われているが、この一連の動きが、むかしから子どもたちがよくやる遊び「だるまさんがころんだ」の歩き方にそっくりなのだ。遠くで眺めていると、広い場所に散らばったツグミが、それぞれ、この動きを繰り返している。私は、つい、ツグミの動きに合わせて、「だるまさんがころんだ」とつぶやいてしまう。

ハクセキレイ、セグロセキレイなどのセキレイの仲間も、よくこのような場所にいる。こちらは、ただひたすら、トコトコと歩き回っている。ときどき、空中の昆虫などをとるためか、1メートルぐらいの高さまでふわりと飛び上がり、また着地して歩きはじめる。

これらの野鳥がいっせいに動きを止め、何かを気にしていることがある。少し高い上空を見ると、猛禽類のチョウゲンボウが現れ、ホバリングして地上の小鳥などを狙っている。河川敷ではよくある、緊急事態だ。その姿が消えると、小鳥はまた、動画の一時停止ボタンを解除したように、動きはじめる。

郊外の河川敷では、同じような場所を、日本の国鳥であるキジが歩いていることもある。「ケンケン」というより「カーッカッ」と聞こえる大きな声で鳴くため、キジの存在がわかる場合も多い。

川にかかる橋の上

河川敷には橋がかかっている場所も多い。そして、橋の表側と裏側とでは、そこを通る生き物が違うのだ。ここでは、橋の表側を通る生き物を紹介したい。

まず、タヌキ、ハクビシン、アライグマ、ノネコなどが通る。場所によっては、ニホンザル、テン、ニホンリス、なども通る。ニホンイノシシやニホンジカなどは、泳ぎもうまいが、橋の上を通ることもある。１ぴきで通ることが多いが、種類によっては群れで通ることもある。動物なので、歩道を通るとは限らない。車道を通り、交通事故に遭うこともある。橋を渡ってねぐらから餌場へ行く動物は、たいてい、戻るときにもそこを通る。大きな川を渡ることは動物にとっても大変なことなので、人工物をうまく利用するのだ。

橋の数は限られているので、自動車の渋滞が発生しやすいように、動物もそこへ集中する。すると、観察しやすくなる。私は、テレビ番組などで野生哺乳類を撮影する場合、橋の上も重要な撮影ポイントにしている。

野鳥も通る。やはり、橋の上空や河川敷と橋の間の空間を飛ぶもののほうが多いが、ハクセキレイ、キジ、コジュケイなど、地面を歩く時間の多い種類は、橋の上の路上などもけっこう歩く。

意外な生き物としては、ヘビもわりと通る。私は、以前、河川敷を見下ろせる橋の上の歩道で、毒ヘビのヤマカガシとすれ違ったことがある。対岸の河川敷からこちらの河川敷に向かう途中だったのか、私にはまるで関心がないかのように、すぐわきを止まることなく通り過ぎていった。

人間が人間のために造った橋も、生き物は、上手く使って暮らしているのだ。

川にかかる橋の裏側

今度は、橋の裏側の話。ここでは、基本的に裏側しか通らない生き物と、主に裏側にいるが、ときどき表側も通る生き物がいる。どちらも河川敷から見やすいので、橋の下に行ったときは、少しの間、見上げてほしい。思いがけない生き物を発見

するかもしれない。
まず、ここをよくねぐらや繁殖場所にしているドバトだ。ドバトは、アフリカ大陸北部から中国大陸にかけての乾燥地帯原産であるカワラバトを改良して、人工的に作られたハトだ。寺などにあるお堂にすむことが多いので、堂鳩と呼ばれたものが変化してドバトになった、とも言われている。お堂に限らず、橋、駅、ベランダなど、人工的な場所を好む。鉄道の橋の場合は、ときどき列車に衝突するため、河川敷に死骸が落ちていることもある。

そして、チョウゲンボウ。これは、土のグラウンドや芝生で、小鳥やネズミなどを襲うことも多い小さなハヤブサの仲間で、やはり、このような場所をねぐらや繁殖場所にしている。河川敷で頻繁にチョウゲンボウを目撃したら、近くの橋で営巣中の可能性が高い。チョウゲンボウという変わった名前の由来は、諸説ある。中でも、私が気に入っているのは、尾が長く見え、また、よく滑空するその様子がトンボに似ていることから、トンボを示す方言の「げんざんぼう」に鳥という

言葉をつけて「ちょうげんざんぼう」と言われていたものが、「チョウゲンボウ」になった、という説だ。

哺乳類では、橋の表側にやってきたニホンザルが、その身軽さを活かして裏側にやってくることなどがある。

ヨシ原

ヨシはアシとも言い、日本人には古くからなじみ深い水辺の植物だ。水中から生えていることもあれば、陸上に生えていることもある。近ごろは、大規模なヨシ原というものは少なくなってしまったが、ヨシ原ほど、地球環境に役立つ場所は、そうないだろう。水質浄化、よしずなどの材料になる、景観の向上など、その理由をあげ出したらきりがない。また、春にヨシ原を焼く「野焼き」を行うと、次期のヨシの生育がよりよくなり、これを毎年行うと、ヨシ原はほぼ未来永劫、地球環境を守り続けてくれる。

いくつもあるヨシ原の効能のようなものの中でも、やはり、生態系を豊かにしてくれるということが、私は、一番すばらしいことだと思う。そんなヨシ原は、いろいろな生き物の通り道にもなっている。

ここで暮らす生き物の代表とも言えるのが、オオヨシキリだろう。名前にヨシという言葉がついていることからもわかるように、ヨシ原とは密接な関係のある、ウグイスの仲間の渡り鳥だ。初夏に東南アジアなどから日本にやってきて、ヨシ原で繁殖し、秋にまた渡っていく。渡ってきてしばらくの間、オスは、ヨシ原で、ほぼ24時間「ギョシギョシケケシケケシケケシケケ」と、テリトリーを宣言し、メスを獲得するために、大きな声で鳴き続ける。このユニークなさえずりを聞くと、私は、夏の到来を実感するのだ。近くで観察していると、オスは鳴くだけでなく、ヨシ原の上などを盛んに飛ぶ。ヨシ原のまわりは、オオヨシキリの道なのだ。

ヨシ原の根元では、クロベンケイガニや、その名もアシハラガニなどがうごめく。静かな場所で、ヨシ原の下のほうへ耳を向けると、それらの歩き回る「カサカサ、コソコソ」という音がけっこう聞こえる。

日本はかつて、「豊葦原《とよあしはら》の瑞穂《みずほ》の国《くに》」と呼ばれた。ヨシ原は、日本の原風景のひとつなのである。

水中

水中は、河川敷からは見えにくい。しかし、水の透明度が高ければ、岸から2、3メートルぐらいの水の中がだいたい見えるし、遠いところでも、水面近くで大きな生き物が動いていれば、けっこうわかる。

岸に近い水中では、場所や季節にもよるが、ギンブナの稚魚やボラの稚魚などが群れで泳ぎ回っている。水底では、ヨシノボリの仲間やマハゼなどが、ときどき動く。さらに目を凝らすと、スジエビ、テナガエビの仲間なども見つかるだろう。意外にも、大きなコイが、岸近くの水中から生えたヨシの根元などに潜んでいて、人間が近づくとバシャッと水しぶきをあげて、全速力で深場へ逃げていく。ところで、コイのひげは何本だろう。2本と答える人が多

いだろうが、じつは、4本だ。上から見ると2本に見えるが、横から見るとわかる。5月に鯉のぼりを見ることがあれば、そのコイで確認できる。顔の近くに片側2本ずつ合計4本のひげが描かれている。

河口近くで、川の流れの中央あたりに目を向けると、水面が数メートルにわたって波立っていることがある。大きな魚の群れが通っているのだ。しばらくすると、そのあたりから長さが70センチぐらいある魚が、時間差で何びきも水上にジャンプするだろう。これは、ボラだ。

ボラは、なぜ、頻繁に水中から水上へジャンプをするのだろう。何かに追われているため、寄生虫を取り除くため、大群でいてある種の興奮状態にあるためなど、いろいろなことが考えられるが、確かなことはわからない。

また、河口近くでは、かなり岸に近く水深が20センチぐらいのところでも、座布団ほどもある茶色い生き物が、ヒラヒラという感じで泳いでいることがある。危険生物のアカエイだ。このような場所では、ぜったいに裸足で水に入ってはならない。

6章
公園の雑木林

大木の幹
P119
東　家
P128
朽木の表面
P116
朽木の中
P117

樹　間
P124
藪の中
P118
土の壁
P130
植物のつる
P122
屋外のベンチ
P126
土の地面
P121
地　中
P132

朽木の表面

公園の雑木林は、とくに生き物の通り道の多い場所だ。至るところに大小さまざまな生き物がいて、それらのほとんどが、林のどこかを通る。人間の世界に例えると、ニューヨークや東京のような大繁華街なのである。

そして、ここの生き物の道を大きく増やしているのが、朽木の存在だ。文字通り朽ちた木で、立ち枯れているものもあれば、倒れているものもある。そして、その外側と内側を、それぞれじつにたくさんの生き物が通る。ここでは、外側、つまり朽木の表面を通る代表選手のような生き物を紹介しよう。

その名は、ザトウムシ。「ムシ」という言葉がついているが、昆虫ではない。見かけはクモのようだが、クモでもない。では、いったい何の仲間なのかと聞かれれば、ザトウムシはザトウムシの仲間としか言いようがない。強いて言えば、ダニに近い生き物だ。豆粒のような丸い小さな体に8本の細く長いあしがついている。それらの中でもとりわけ長い2本であたりを探るようにしながら、朽木の表面などを歩き回る。そして小さなガなどを捕らえて、食べている。

「ザトウ」は「座頭」と書き、盲人のことである。目の不自由な人が杖をつきながら歩く様子を思わせるため、この名がつけられた。私は、ザトウムシのことを、愛着を込めて「森の足長おじさん」と呼んでいる。ただ、メスもいるので、実際は「足長おばさん」もいる。

　ザトウムシは、入門編の図鑑もほとんどない、まだまだ研究の余地の多く残された生き物だ。生き物の正式名に自分の名前をつけたいと願う人は、この生き物を研究することがその近道かもしれない。

朽木の中

真冬に、なたなどを使い、林に転がる朽木を少しずつ崩していくと、次から次へと、中で越冬中の生き物が出てくる。柔らかい朽木は素手で崩すこともできるが、これはやめた方がいい。中に潜む生き物には、危険生物もけっこう含まれるからだ。

　子どものころ、これをやるのが冬の大きな楽しみのひとつだった。生き物の気配のほとんどない静まりかえった林の風景とは裏腹に、朽木を崩し出したとたん、いろいろな生き物が姿を見せる様子を、今でも鮮明に覚えている。コクワガタ、カミキリムシの幼虫などが出てくれば当たりで、スズメバチの女王などが出てくれば、外れだった。オオスズメバチの女王などは、仮死状態のような感じで出てくるが、長いピンセットなどを使ってふたつきの容器に入れて30分ほど日向に置いておくと、蘇生したように、中で飛び回り出す。まさに取り扱い注意だ。

　スズメバチ以上によく出てくる危険生物は、ムカデだ。とくにトビズムカデは、かなりの生き物を見なれているつもりの私でも、目の前に現れると、毎回、肝をつぶす。黒光りしたボディに、黄色いあしが42本もついている姿は、まさに怪物だ。2本の顎肢でかまれると、毒も注入され、しばらく激痛と腫れに苦しむことになる。軍手をしていても危ない。このようなムカデの仲間は、朽木の穴や隙間など、日のあたらない場所を好んで、縦横無尽に歩き回る。朽木の中には「モンスターハイウェイ」があるのだ。

藪の中

規模の大きな公園の雑木林には、藪もある。たいがい、自然保護や安全面から立ち入り禁止になっているが、近くで観察してみると、その中をけっこういろいろな生き物が通る。

まず、耳を澄ませてみよう。「パキッ」という小枝を踏む音や、「カサッ」という葉に飛び移る音が聞こえてくるだろう。何かが藪の中を移動しているのだ。重量感のある大きめの音は哺乳類、小さめの音は鳥類の可能性が高い。

このような場所をよく通る哺乳類は、ニホンアナグマだ。基本的に冬眠するので、春から秋にかけての夜間、歩き回る。「クマ」という言葉がついているが、イタチの仲間だ。タヌキなどとともに、ムジナと呼ばれることもある。タヌキは両眼のまわりの黒い部分が横長だが、ニホンアナグマは縦長で、サーカスなどでおなじみのピエロの顔を思い出す。以前は郊外に行かないと見られなかったが、今は東京23区内でも見られることがある。都市動物化してきているようだ。ちなみに、私は、日本の野生哺乳類では、ムササビ、タヌキに次いで3番目に好きな種類だ。

鳥類は、じつにいろいろな種類が藪を生活場所にしている。「チッ」、「チャッ」などと微かな鳴き声もよく出すので、それらを頼りに姿を探そう。藪の地面あたりから、「ガサッ、ガサッ」という音が連続して聞こえる場合は、野鳥が落ち葉の下のミミズなどを探していることが多い。

大木の幹

今、日本では、大木が急激に減っていることをご存じだろうか。「ナラ枯れ」と呼ばれる現象が、ほぼ日本全国に広がっているのだ。カシノナガキクイムシという体長5ミリ程度の茶色い円筒状の昆虫が媒介するナラ菌により、木が枯れていくのだ。決して大げさではなく、森や林全体が失われることも珍しくはない。読者の方にも、真夏に、山の多くの落葉広葉樹の葉が、まるで晩秋のように茶色くなっている様子を見たことがある方は多いだろう。とくに、樹齢何百年、何十年という大木がやられやすい。そのため、御神木、名木と呼ばれるものが、各地で消えているのだ。地域のシンボルとして人々に親しまれてきた大木が、ナラ枯れの被害に遭い、このままにしておくと倒壊の危険があるということで伐採されていくのを見るたび、私の胸はひどく痛む。各地で、防止策や抑止策を講じられてはいるが、残念ながら現在、確実な効果は出ていない。「ナラ枯れ」は、まさに、木の伝染病だ。私たち人間も新

型コロナウイルスに苦しんできたが、同じとき、木々も死に至る病気に苦しんできたのだ。しかも、私たちは、長いトンネルを抜けかけているのに、木々は、まだトンネルの出口さえ見えていない。

「ナラ枯れ」に見舞われた木は、根元に大量の木くずが溜まっていること、幹に傷がたくさんつき、それらから樹液がしみ出ていることが特徴だ。そして、この状態につられて、カブトムシやクワガタムシが集まってくる。最近、街の公園などで、今まではほとんどいなかったカブトムシやノコギリクワガタなどが急にたくさんとれ出して、話題となることが多い。これらの甲虫にとっては、これは、まさに「ナラ枯れ特需」ともいうべき状況で、もうすぐ死ぬ大木の幹を歩き回る黒い昆虫を眺めていると、「線香花火の落ちて消える寸前の炎」にも似て、哀れになる。雑木林の大木の幹には、多くの昆虫が集うものの、間もなく土台もろとも消えてなくなる悲しい運命の道がたくさんあるのだ。

土の地面

私は、週に何度も、主に都会の幼稚園や保育園などで、自然観察の授業を行う。そして、自宅から園まで、一度も土の地面を踏まずにやってくる園児の多いことに、毎回のように驚いている。確かに、タワーマンションの部屋からエレベーターで1階に降り、アスファルトの道路を歩いてきたり、園バスや自家用車に乗ったりすれば、そうなるのだろう。だから園庭は、現代の園児たちには、とくに大切なのだ。土の楽しさや気持ち良さを、体験できるからだ。しかし、土の地面ではない園庭も増えてきている。時代の流れなのかもしれないが、生物として、これでいいのだろうか。

その点、公園などの雑木林の地面は、普通、土だ。そして、そこは、いろいろな生き物の通り道になっている。

昆虫には、徘徊性昆虫、というグループがいる。それらは、雑木林の土の地面のヘビーユーザーである。ゴミムシ、シデムシ、オサムシなどが主なメンバーだ。中には、後ろのはねが退化して、飛べないものもいる。歩くことに特化した種類だ。たとえば、街の公園にもよくいるアオオサムシも、その一種だ。雑木林の土の地面を歩き回り、ミミズなどを食べている。ただ、飼育する場合の餌は、昆虫ゼリーでいい。アオオサムシを含むオサムシの仲間は、その美しさなどから人気が高く、あの手塚治虫さんが、このムシが大好きなことからペンネームを「治虫」としたことは有名な話だ。

さて、このアオオサムシをほぼ確実に捕まえる裏技があるので紹介しよう。1～1・5リットルぐらいの、ふたを外した空きペットボトルを用意し、カッターナイフなどで、飲み口から3分の1ぐらいの部分を切り落とす。飲み口の部分を逆さまにして、残りの部分に差し込み、動かないようテープでとめる。次に、ペットボトルにカルピスの原液を少しだけ入れて、ペットボトルの上が地面とほぼ同じ高さになるよう、雑木林の土の地面に埋める。半日ぐらい経ったら見に行こう。中に、きっと、アオオサムシが入っているはずだ。ペットボトルの口からはみ出るほどたくさん入っているときもある。中で死んでしまわないよう、半日後以降は、できるだけ頻繁に見に行き、とれたアオオサムシは、なるべく早く別の容器へ移そう。

植物のつる

雑木林には、木、草、コケ、地衣類などがたくさんある。それらの中で、木や草の1タイプである、つる性植物もよく目につく。そして、これらのつるや葉、花などを通り道に使う生き物も、意外に多い。

試しに、日あたりのよい林の木や地面に絡みついている、つる性のクズを見てみると、じつにたくさんの昆虫がついているのがわかる。陶器のような風合いの、小粒納豆ぐらいの大きさの丸い昆虫は、マルカメムシだ。体は小さいが、においは強烈で、しかも集団でいることが多いため、クズのつるをつかんだとたん、目が回るほどの悪臭に襲われることがある。先ほど納豆という言葉が出たが、私は以前、マルカメムシのにおいがどれほどの強さなのか知りたくなり、臭度計を使って調べたことがある。そのとき、ほぼ納豆と同じ強さという判定が出た。私は納豆が大好きで、そのためか、においが気になったことがない。しかし、マルカメムシのにおいは、自然解説を生業にしてはいても、大嫌いだ。臭いと感じるのは、単にそのにおいの強さからだけではなく、においのタイプやその背景にある事情によるのだと、このとき思ったことを覚えている。

マルカメムシのまわりを、たいてい、大小いろいろな種類のアリも歩いている。クズのつるに行列を作っていることもある。何種類かのゾウムシもよくいる。ゾウムシという名前ではあるが、たいていの種類は、どちらかというと、鼻の長いオオアリクイに似ている。クズはとても繁殖力の強い植物で、農家や駐車場オーナーなどにとってはとてもやっかいな存在だ。私は、東京の街から10年間、人が全くいなくなったら、ビルも高速道路も鉄道線路も、みなクズに覆われるだろうと思う。

クズのようなつる植物に集まる昆虫を食べるため、ニホンカナヘビも、よくやってくる。つるの近くの葉の上で、静かに獲物を待つ姿をよく見かける。

樹間

雑木林の木や草そのものではなく、それらが作る空間を主な通り道にしている生き物も、たくさんいる。

まずは、野鳥だ。林の下のほうの空間は、ウグイス、アオジ、シロハラ、アカハラなどが通る。林の中ぐらいの高さの空間は、シジュウカラ、ヤマガラ、コゲラ、メジロなどが、空との境目あたりの空間は、オオタカ、ハイタカ、トビなどが通る。冬は、林の中ぐらいの高さの空間を、シジュウカラ、ヤマガラ、エナガ、コゲラ、メジロなどで構成された群れが通ることがある。これは混群と呼ばれるものだ。餌の少ない時期に皆で協力して効率よく餌を探したり、冬越しのために移動してきた猛禽類から、皆で協力し合って身を守ったりするた

めの、種を越えた冬季限定の集団と言われている。「町内会」ならぬ「鳥」内会だ。
　そして、このような空間に好んで網を張るのが、ジョロウグモだ。いくつもの網が重なり合うように空間を埋め尽くし、チョウやトンボがこの場所を通り抜けるのは至難の業になっているときもある。かつて、繁茂する藻が船にまとわりついて、多くの船が航行の自由を失う場所として恐れられていた、サルガッソー海という海域がある。ここはまさに、「空のサルガッソー海」という感じ

だ。ちなみに、ジョロウグモの「ジョロウ」は「女郎」ではなく「上臈」ではないかとも言われている。これはジョウロウと読み、江戸時代大奥の女性の役職名である。最初、ジョウロウグモと呼ばれていたものが縮まり、ジョロウグモと呼ばれるようになったようだ。このクモの、金、黒、赤などの混じる色彩が、上臈の着る着物の色彩を思い起こさせるため、名づけられたらしい。

大きめの樹間は、オオムラサキ、ゴマダラチョウ、コシアキトンボなどの昆虫のテリトリーになっているときもあり、頻繁にそれらが通ることもある。

さらに、大木の多い場所にある樹間は、夜間、ムササビが音もなく滑空することもある。

屋外のベンチ

野生生物は、意外にたくましいところもあり、人間の作ったいろいろなものを、上手に利用する。これは注意したいことではあるが、毒グモとして有名な外来種、セアカゴケグモが一番よく見つかるところは、私の経験から言うと、駐車場などに長い期間置かれている工事用コーンの中だ。とくに裏側の上のほうにいることが多い。また、自然保護上、景観上、マイナス面ばかりがクローズアップされる都市河川のコンクリート垂直護岸も、川に接する部分のわずかな幅の平らな部分を、多くの水鳥が休み場所として利用している。ときどき、迷い込んだアザラシの仲間もここで休んでいて、大騒ぎになる。

公園の雑木林の遊歩道沿いなどに置かれたベンチも、注意して観察したい人工物のひとつだ。ここを歩く生き物が、けっこうたくさんいる。腰掛ける前に、お尻をのせる場所や背もたれを、よくチェックしよう。白、黒、茶などの混じったしみのようなものがあれば、ハシブトガラス、ドバト、ヒヨドリなど、鳥の糞だ。正確に言うと、鳥の糞と尿のブレンドだ。鳥は人間などと違い、糞と尿を、総排出腔と呼ばれる穴から一緒に出す。だから、一般に「鳥の糞」と言われているものは、基本的にみな、「鳥の糞と尿」なのだ。ちなみに、白く見える部分が尿、黒や茶などの部分が糞だ。ベンチには、主に夜間、野生哺乳類もよく上がるので、タヌキ、ハクビシン、アライグマ、テンなどの糞や尿もけっこう残っている。

そして、ベンチの内部や表面を掘り進んでいる生き物もいる。やや古びたベンチを見つけたら、よく観察しよう。まるで地図の登山ルートのような線がついているかもしれない。これは、キクイムシの仲間が掘り進んだものだ。木材を食べる虫だが、すでに外に出ているものもいるので、これは、道というより元道と言ったほうがいいかもしれない。

ベンチのお尻をのせる部分

の裏側に、いろいろなチョウの蛹がついていることもある。近くの食樹や食草から幼虫が這ってきて、そこで蛹になったのだろう。

東屋

地球温暖化が進み、殺人的な暑さの日も多くなった。そのような日に屋外で仕事をしていたりすると、東屋によく救われる。ただ、慌ててそこへ向かい、中をのぞくと、誰でも考えは同

じと見えて、先客がいて満員のため、ひどく落胆することもひと夏に何回かある。

公園の雑木林にある東屋は、私は「むしむしハウス」と呼んでいるほど、昆虫をはじめとしたいろいろな生き物がいる場所だ。壁、柱、天井などにはクモやカマキリの卵のうがよくついているし、まわりの土の地面から出てきてこの建物で羽化したセミの抜け殻もひとつやふたつはたいがいついている。寒い季節は、柱の隙間などを懐中電灯などを使って見ると、越冬中のナミテントウが何十ぴきもいることもある。屋根は、スズメ、ムクドリなどの野鳥がよく歩き、スズメは隙間や穴で営巣までしていることがある。

日中は姿を見せないが、ニホンヤモリ、アブラコウモリなどが潜んでいることもある。夕方になるとニホンヤモリが出てきて、餌の小さな昆虫などを求めて柱や壁などを動き回る。アブラコウモリは、ねぐらから一気に夕空へ飛び立っていくが、深夜、休息のために戻ってくることもあり、そのときは、東屋の外壁にとまり、ゆっくりと移動したりする。

ベンチ同様、タヌキ、ハクビシン、アライグマなどの中型哺乳類も、主に夜間、中へ入り込み、テーブルやイスの上を歩くことがある。大雨のときは、人間のように、雨宿りをしていることもある。

最近は人間が寝泊りなどをしないよう、屋根のない東屋も増えた。このことは、公園利用者である私だけでなく、いろいろな生き物にとっても、大打撃だろう。

土の壁

　ここで取り上げた土の壁とは、土塀のことではなく、切り通しなどで見られる文字通りの土の壁のことである。公園の雑木林などでは、遊歩道のわきがよくそうなっている。

　このような場所には、土の壁の上の地表に生えている樹木の根が、まるで切断図のように見えている場合もあり、そこでは、いろいろな地中の生き物の通り道が、図鑑のグラビアのようにわかる。

　まず目立つのは、ネズミの仲

間のトンネルだ。ほんとうに運が良ければ、そこを地下鉄の電車のように通るネズミの姿を目撃できるだろう。全部は露出していないが、ミミズの仲間のトンネルも、よくある。出入り口から少しだけ体を出していることもあり、引きずり出そうと触った瞬間に、すごいスピードで奥へ入ってしまう。ミミズは地上で見るときとは比べものにならないぐらい、地中では速く動けるのだ。地表に向かい伸びている大人の人差し指が入るぐらいの口径のトンネルは、セミの幼虫の道だ。

ここまでは、土の壁の奥へ続く通り道だが、基本的に、まさに表面だけを移動する生き物もいる。よく見るのはカマドウマの仲間だ。「便所コオロギ」というかわいそうな名前で呼ばれることもある。これは、そのむかし、民家でも屋外によくトイレがあって、そこで見かけることが多かったからだ。正式名称のカマドウマという名前の由来は、やはりむかし、台所にあった、釜や鍋をかけて火を使い煮炊きをするかまどによく現れ、哺乳類のウマに似た丸まった背中を持っているからだとも言われている。大ジャンプを繰り返して人々を驚かすが、決して危険生物ではない。土の壁の表面を大慌てで逃げていく、ヒガシニホントカゲやトビズムカデなどを見かけることもある。

近ごろは、崩れることを防ぐためなどから、土の壁がコンクリートの壁に変わってしまった場所もけっこうある。そこでは、おなじみのオカダンゴムシや、カタツムリの仲間がよくいる。

地中

雑木林の地面は、人にあまり踏み固められておらず、落ち葉もたくさん積もっているので、とても柔らかい。地表から見えなくても、スコップなどで少し掘れば、驚くほどいろいろな生き物が姿を現す。それらのほとんどが、地中を移動する。雑木林の地下は、まるで毛細血管のように、生き物の道が存在する。

ここで忘れてはならないのが、モグラだ。西日本のコウベモグラ、東日本のアズマモグラ、それらどちらかのトンネルが全くない雑木林が、はたしてあるのだろうかと思うほど、普通にいる生き物だ。立ち入り禁止でなければ、遊歩道から雑木林に入り、少しだけ歩き回ってみよう。どこかで、靴が少し沈むはずだ。そこがモグラのトンネルの上だ。モグラのトンネルは、移動のためだけのものではなく、餌のミミズを効率よく捕らえるトラップでもある。土の中からモグラのトンネルに落ち込んだミミズは、少しの間そこに留まる。モグラは、それをパトロールして食べているのだ。

林内に北向きの斜面があれば、そこにニホンアナグマの巣穴の入り口があるかもしれない。そしてこの動物の広大なトンネルネットワークが、雑木林の地下にも通っているかもしれない。そして、ニホンアナグマは、基本的に冬眠をするので、冬は、雑木林の地下のどこかで寝ているかもしれない。

アズマヒキガエル、ニホンヒキガエルなども冬眠するが、物陰ばかりでなく、落ち葉の溜まった場所で冬を越していることもある。1、2月、公園の雑木林の中を歩いていて、足元の地面が突然動き出し、肝をつぶすこともある。

私たちは、自然景観を考えるとき、たいてい、地下のことは忘れている。だから子どもたちが森の絵を描くときも、地表の線は、画用紙の一番下に引くことがほとんどだ。しかし、ほんとうは、その線を画用紙の中央あたりに引き、その上にも下にも、同じぐらいたくさんの生き物を描くほうが現実に近いのだ。ふだんから、常に地下の世界も意識して、野山を散策したいものだ。

7章 公園の水辺

花火禁止

空
P139
ヨシ原
P146
水面
P138
水中
P140
水底
P149

看　板
→P145
花火
禁止
水　路
→P147
水辺の土の地面
→P142
飛び石
→P143

水面

池、草地、林など、変化の富んだ環境の公園には、いろいろな生き物がすんでいる。この章で紹介する水辺についても、まわりの環境次第で、見られる生き物の、数も種類も、大きく変わってくる。

水面を通る生き物の代表とも言えるのが、アメンボだ。1ぴきだけいることはあまりなく、たいてい何びきかが浮かんでいる。ときには、池の水面いっぱいに数えきれないほどのアメンボがいて、鳥肌が立つこともある。まるでラッシュアワーの新宿駅構内のようだ。アメンボは、チョウやガなどが水面に落ちてくると、その振動を感じ、寄ってたかってそれらの体液を吸う。都会の雑踏のようなアメンボの集団の上空を飛ぶことは、チョウやガなどにとって、私たち人間が、無数のワニが浮かぶ川を、吊り橋で渡るようなものだろう。

スイレンなどの水生植物がたくさんある水面は、イトトンボの仲間がよくいる。飛んでいるだけでなく、水面の水生植物の葉にとまり、休んだり、交尾をしたりしている。イトトンボは、「とうすみとんぼ」と呼ばれることもある。とうすみは漢字で灯心と書き、行灯、ランプなどの芯のことだ。

また、郊外の公園の池の水面では、近ごろは少なくなったミズスマシが回っていることもある。ちなみに、ミズスマシは左右の複眼が水面を境に上下に分割され、目が4つもある。これは、水面上、水面下、両方の敵から身を守るためだ。

カエルやカメは、水面もよく移動する。近ごろは、ウシガエル、ミシシッピアカミミガメなどの外来種がはばをきかせている。さらに、夏の暑い時間帯には、アオダイショウ、シマヘビなどのヘビが体をくねらせながら水面を渡っていく姿もよく見る。意外にも、水面は、ヘビの通り道にもなっているのだ。

空

日本は、かつて「秋津島」と呼ばれていた。そして、「秋津」とはトンボの古名である。つまり、「秋津島」とは「トンボの国」という意味でもあるのだ。事実、日本には200種類以上のトンボが生息している。全世界で5000から6000種類と言われるトンボのうち、決して広いとは言えないこの国土に、それだけいるというのは、とてもすごいことなのだ。

トンボというと、有名なアカトンボであるアキアカネが目立つ時期が秋であるためか、秋の生き物と思われがちだ。そのため、初夏などにシオカラトンボなどを見かけると、「もうトンボがいるんですね」と驚く人が多い。じつは、初夏には初夏のトンボが、真夏には真夏のトンボが、秋には秋のトンボがいるのだ。中には成虫で冬を越す真冬のトンボだっているのだ。さらに、トンボの種類によって、よくいる水辺環境も、湖、川、水田など、まちまちだ。公園の池などにも、ここを好む何種類かのトンボがいる。

公園の池の上空を行き交うトンボが目立つのは、主に夏だ。王者の風格があるギンヤンマをはじめ、シオカラトンボ、オオシオカラトンボ、コシアキトンボ、ショウジョウトンボな

どがよくいる。中でも、私は、コシアキトンボが大好きだ。このトンボは全体的に黒く、腰のような部分だけ白、または黄色のため、この名前がつけられた。そして、夕方ごろ水面や林の中に群れでいるとき、あたりが薄暗いため、白や黄色の部分だけが目立ち、まるでホタルが舞っているように見え、「ホタルトンボ」と呼ばれることもある。ちなみに、水面上空を飛び回るのは、どの種類も、基本的にオスだ。縄張りを守るため、同じルートを繰り返し通る。池のほとりのベンチで眺めていると、何びきものトンボが、絶え間なく通過することがわかる。そして、トンボ同士がはち合わせすると、2ひきいっしょに空高く上っていき、最初に水面近くに戻ってきたほうが、勝者だ。

水中

公園の池や小川なども、岸からよく観察すると、意外に多くの生き物が行き交うものだ。1ぴきで通るものもいれば、群れ

で通るものもいる。また、主に日中姿を見せるものもいれば、主に夜間現れるものもいる。

日中通るものは、アズマヒキガエルの幼生、魚では、コイ、メダカ、関東地方などではクチボソと呼ばれることが多いモツゴ、だれかが放したであろうキンギョなど、水生昆虫では、マツモムシ、ハイイロゲンゴロウ、ヒメゲンゴロウ、いろいろな種類のトンボの幼虫などだ。アズマヒキガエルの幼生やメダカは水面近くを、中層あたりは、コイ、モツゴ、マツモムシなどが、とくによく通る。夜になると、ナマズや、「ライギョ」ことカムルチー、スジエビなどがゆっくりと泳いでいる。夜行性の水中の生き物の姿は、陸から懐中電灯を使えば、わりとよく見える。

あまり知られていないものでは、マスクラットという特定外来生物の哺乳類も通る。東京都葛飾区など極めて局地的に分布し、水面や水中を移動する。北アメリカ原産で、第二次世界大戦中に、北方に出征する日本の兵士の防寒用耳あてなどに使う毛皮をとるために輸入され、飼育されていたが、終戦後に放されたり、逃げ出したりして、野生化した。それらの子孫が、今でも生息しているのだ。しかし、当時敵国であったアメリカの哺乳類が、軍事物資として、なぜ日本に持ち込まれたのだろうか。じつは、第二次世界大戦以前に、まずドイツに持ち込まれていて、そこから我が国に輸出されたのだ。マスクラットは、人間の都合に翻弄された、とても哀れな動物なのだ。

水辺の土の地面

水辺の土は、たいがい、柔らかい。人間が歩けば靴が沈んでしまうような場所も、いろいろな生き物が通る。それらの足あとは、大きさも形も、じつにまちまちだ。

まず、鳥。鳥によって、水かきのあるものと、ないものがいる。水かきがあるのは、カルガモ、オナガガモ、ヒドリガモといったカモの仲間や、ユリカモメといったカモメの仲間などだ。地面には、水かきのあともしっかりついている。水かきが

ないものは、ドバト、キジバト、ムクドリなどのものが多い。水かきはないものの、水際にもけっこう下りるため、足あとが見つかるのだ。それら以外にも、よく見るといろいろな種類の鳥の足あとがついている。

そして、哺乳類。長い5本の指が、足の裏と切れ目なくつながっているものは、アライグマのもの、同じく5本指だが、裏との境目が切れているものは、ハクビシン、イヌの足あとによく似た4本指のものは、タヌキだ。もちろん、公園にはイヌもくるので、イヌの場合もある。イヌの足あとと平行に人間の長靴などのあとがついていれば「イヌの散歩」である。

鳥も哺乳類も、足あとだけでなく、通る姿を見かけることもある。とくに、ほとんどの種類が昼行性の鳥は、そのチャンスが多い。

それらのほかには、ウシガエル、アメリカザリガニ、クロベンケイガニなどもよく通る。

最近は、池や小川の護岸がコンクリート製の垂直護岸になっている場合も多く、そのような場所を通る生き物は、残念ながらほとんどいない。

飛び石

公園の浅い池や川などでよく見かける飛び石の上も、通り道となっている。ひとつの石の上だけを通るものもいれば、人間と同じように、対岸などに行くために、飛び石の全行程を通るものもいる。

まず、ひとつの石の上を通るものは、サワガニ、アメリカザリガニなどの甲殻類だ。サワガニには、大きく分けて、体の色が、青系のものと、赤系のものがいる。オスとメス、成熟したものと若いもの、などという理

由から分かれているのではなく、生息地域によって分かれているのだ。その確かな理由は、まだわかっていない。だから私は、「このあたりにはサワガニがいます」という話を聞くたび、「青系ですか、赤系ですか」と確認することが癖になっている。サワガニは、日本では数少ない、淡水域で一生を終えるカニだ。そのため、生まれた場所を大きく離れることはなく、その地域以外の個体と交わることはほとんどない。それで、その場所、その場所で、体色がほぼ固定されていると思われる。また、多くの種類のカニが、孵化してしばらくはプランクトンとして過ごすが、サワガニはその期間を省略して、カニの姿で卵から生まれてくることも、大きな特徴のひとつだ。

　飛び石をよく通るのは、郊外だとニホンザル、テン、イタチなど、都会やそのまわりだとアライグマなどだ。たいがい、飛び石の上に、それらの糞や食べあとなどがあるので、それらから、どの動物が通ったかがわかる。

看板

公園には、利用に関する注意を示した看板が多い。公共の場所なので仕方ないとは思うが、それが景観を著しく損なっていることも少なくない。

そのような看板にも、ご多分にもれず、ナメクジ、カタツムリの這いあとなどが多く見られるが、水の中や水辺に立つものは、ヤゴ、つまりトンボの幼虫もよく通る。その証拠が、看板やそのポールなどに残された抜け殻だ。トンボは幼虫時期を水中で過ごし、水の外へ出て、植物や杭などに登り、羽化する。このとき、このような看板も利用する。そして、残された抜け殻から、それが何トンボのものか、わかるのだ。セミと違い、トンボは日中でもわりと羽化するので、自然観察会の途中で、その神秘的な瞬間を目撃することもある。子どもたちなどは、その一部始終を見たがるので、しばらくそこから動かず、時間までに目的地まで行けなくなることも多い。炎天下にしゃがみ込み、いつまでも眺めている。熱中症の心配もあり、講師泣かせのシーンでもある。

池の真ん中あたりの水中に立っている、看板上のへりに、バッタの仲間がとまっていることもある。これは、人間に追われたりして、飛んだり、水面を泳いで移動したりしながら、

看板にたどり着いたと思われる。天敵の野鳥などに見つかりやすいので、早く草むらなどに戻ったほうがいいと思うが、1時間近くもそこに留まっていることもある。

ヨシ原

水辺には、ヨシ原が広がっていることがある。ヨシを使った代表的な工芸品が、よしずだ。よしずは現代人にも人気があり、あちこちで使われている。

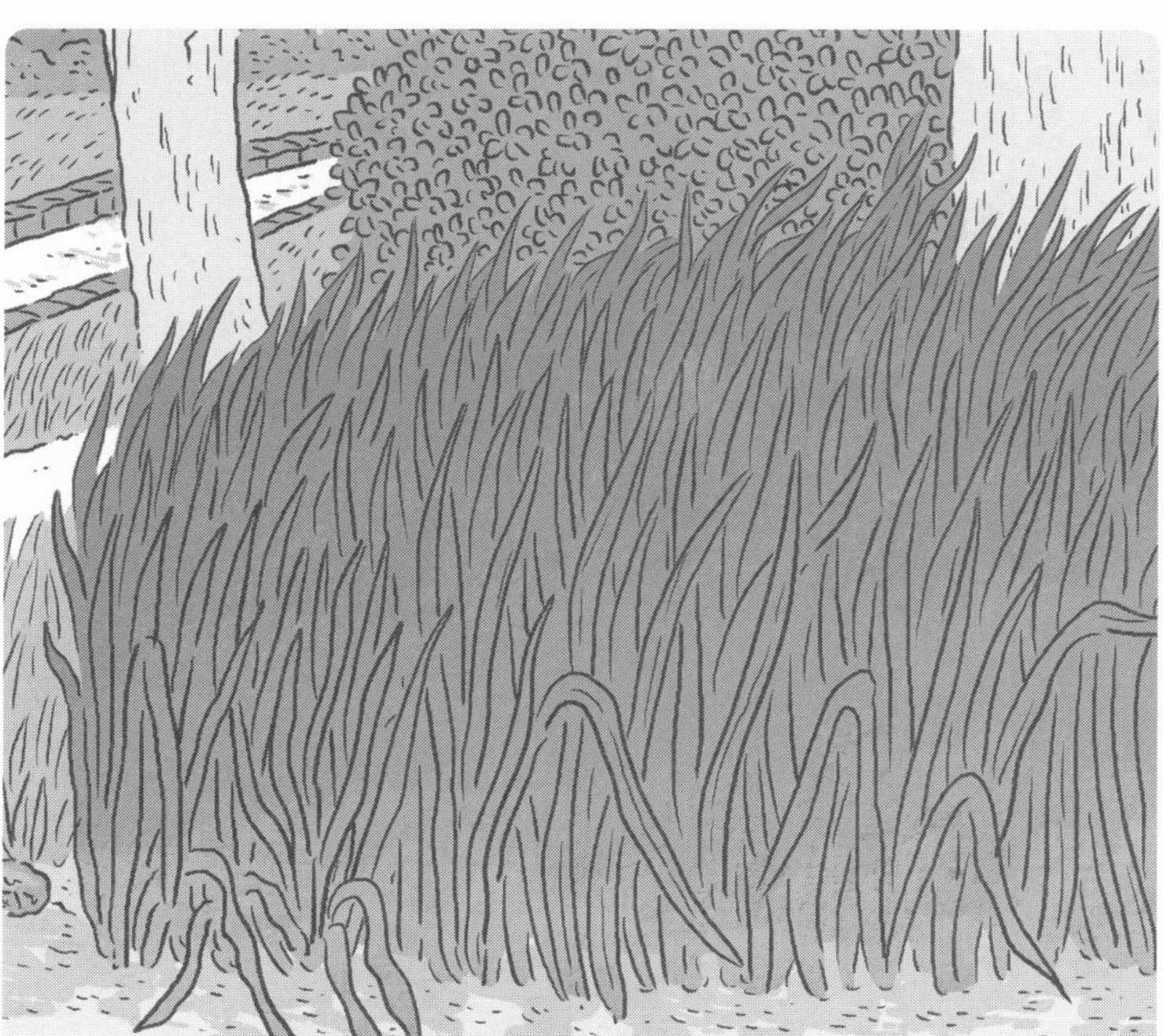

ヨシは、刈っても刈っても生えてくるとても強い植物なので、その場所自体が失われない限り、ほぼ永久に利用できる。ヨシはまさに、サステナブルな自然物なのだ。

　規模は小さめの場合が多いが、ヨシ原は公園の池や川にも、けっこうある。そして、ここも、オオヨシキリなどが通る。これらの中に、ヨシゴイという、夏になると日本に渡ってくるサギの仲間がいる。この野鳥は、まさに忍者のようだ。水中から生えているヨシの茎と茎にあしをかけて、水面に落ちずに移動し、危険を感じると、体をまっすぐに伸ばしてじっとして、ヨシの茎のふりをしたりするのだ。立ち姿が、がに股で、両手を後ろに組んだようなので「おじさん」と呼ばれたり、茶色、ピンク色、白色の組み合わさった色彩がミョウガを思わせることから、「ミョウガの妖精」と呼ばれたりすることもある、とても魅力的な野鳥だ。もちろん飛べるので、ヨシ原の中をゆっくりと歩いて移動するだけでなく、ヨシ原上空を直線的に移動することもある。ヨシゴイは、ヨシ原に、ふたつの道を持っているのだ。

　公園のヨシ原上空は、真夏の日中に、はねの多くの部分が黒く、ヒラヒラと飛ぶ、チョウトンボの道にもなっている。チョウトンボは、チョウとトンボのどちらなのだろうか。答えは、トンボの一種だ。

水路

　公園の水路は、たいがい幅があまり広くなく、大人なら助走をつければ跳び越せるぐらい

のものが多い。ここを、何度も行ったりきたりし続けるものもいて、水路のそばに立ってさえいれば、何回も見ることができるのだ。

そのような生き物を、2種類紹介したい。まず、ヌートリアだ。この名前を聞いて、いったいどのような生き物なのか、多くの人はわからないだろう。しかし、これがよくいる地域の人は、「ああ、あいつか」と眉をひそめるに違いない。ヌートリアは、生態系や人間の生活などに大きな悪影響を与える可能性があることから、国の外来生物法で特定外来生物に指定され、取り扱いを厳しく制限されている、水面などを生活場所にしている哺乳類だ。南アメリカ原産で、マスクラットと同様主に第二次世界大戦中に毛皮用に輸入され、飼育されていたものが、逃げ出したり、放されたりして、野生化した。貴重な水生植物、農作物などを食い荒らすだけでなく、巣穴を作るため堤防に穴を開けて洪水を起こすこともある。公園の水路にもよく姿を見せる。基本的に夜行性だが、数の多い場所では日中もよく目撃される。

もうひとつは、オニヤンマだ。日本のトンボの王様とも言える存在で、テリトリーを守るため、決まった区間を行ったりきたりし続ける習性がある。水面近くをゆっくりとこちらへ飛んできて、目の前を通過したと思うと、しばらくして、今度は逆方向から、同じくゆっくりとやってくる。だから、網で捕まえたいときは、バッターのように、「球がくる」のを待てばいい。2、3回空振りしても大丈夫だ。

水底

岸から水底を見るのはけっこう難しい。しかし、水田ぐらいの水深で、安全な護岸があれば、それもじゅうぶん可能だ。とくに、晴れた日の日向なら、手にとるように観察できる。

ドジョウ、ホトケドジョウ、アメリカザリガニなどがいればすぐにわかるが、それらのまわりの水底に、細い緩やかな曲線がいくつもついていることにも気がつくだろう。これらは、カワニナ、タニシの仲間などの貝の移動あとだ。それらの線を目で辿っていくと、先端に貝がいて、まだ移動中のこともある。そのスピードは、確かに魚などに比べるとゆっくりだが、多くの人が考えているほどは遅くないだろう。

そして、だいぶ目がなれてくると、今まで泥の小さなかたまりだと思っていたものが、かすかに動いていることも発見するかもしれない。これは、シオカラトンボ、オオシオカラトンボなどの幼虫だ。体に毛がたくさん生えていて、そこに泥がつき、「泥のお化け」のようになっている。隠れている生き物を探

しなれている私でさえ、止まっていると、なかなか気がつかないほどだ。

それを1ぴき小さなナイロン網ですくい、水を入れた透明の容器に入れてみよう。そして、そのトンボの幼虫の顔の前に、同じような場所にいるアカムシと呼ばれることの多いユスリカの仲間の幼虫を置いてみよう。とつぜん、頭の下に折りたたまれていた下あごを伸ばして、それを捕らえる衝撃的なシーンを目撃できるかもしれない。

8章 大きな道路

駅入口
STATION
第一電機
大型・特定中

空
→P159
並木
→P160
中央分離帯
→P156

駅入口
STATION
第一電機
道路標識
P162
植え込み
P158
防護柵
P164

中央分離帯

大きな道路によくある中央分離帯の幅と環境は、ほんとうにまちまちだ。「帯」とは言い難い細いものから、もう一車線できそうな広いものまであるし、コンクリートを固めただけの無機質なものから、草はらや林に見えるほど植物が生い茂ったものもある。

生き物の通り道になっているのは、主に、幅が広めで、植物の多いタイプだ。人間は、危険なのでそこへ入り込むことはほとんどできないが、歩道な

どから眺めていると、じつにいろいろな生き物が通ることがわかる。

モンシロチョウ、モンキチョウ、ツマグロヒョウモン、ナミアゲハなど、チョウの仲間は、春から夏にかけての晴れた日中であれば、常に視界に入ると言っても言い過ぎではないだろう。そして、初夏から秋口にかけてはシオカラトンボ、秋はアキアカネなど、トンボも通る。

7月から9月にかけてぐらいには、日中はほとんどとまらずに飛び交うウスバキトンボの群れも見られる。

ウスバキトンボは「渡りトンボ」だ。渡り鳥という言葉は有名だが、トンボが海を渡ることはあまり知られていない。このトンボは、春に東南アジアなどで羽化し、世代交代しながら初夏に日本に到達し、さらに世代交代しながら国内を北上する。しかし、日本国内のほとんどの地域で冬を越せずに死滅してしまう。そして、翌年、また渡ってくるのだ。なぜこのようなことをするのか。何百年、何千年という歳月の後、このトンボが普通に日本で冬越しができるようになれば、分布域が劇的に広がる。まさに壮大な「世界戦略」をしている最中とも言われているのだ。道路の中央分離帯が、ウスバキトンボのワールドツアーの一部分だと考えると、ドラマチックに見えてくる。

同じ場所を、主に夜間、タヌキ、ハクビシン、アライグマなどの哺乳類も通る。そして車道を横断するとき、自動車などに轢かれてしまうことも少なくない。

植え込み

中央分離帯の植栽も、植え込みと言えるだろうが、ここでは、歩道と車道の境目などにあるグリーンベルトについて話したい。ここも、さまざまなタイプがある。花壇になっているもの、低木が並ぶものなどをよく見る。大きな木が並ぶものは、今回は、並木のページに譲りたい。

花壇には、手入れのよいもの、悪いものがある。一般的には前者が好まれるのだろうが、野生生物と私には、後者のほうが人気が高い。チューリップ、ニホンスイセン、キバナコスモスなどの間に、「ペンペングサ」ことナズナ、「ネコジャラシ」ことエノコログサなどが生えている。このような場所は、いろいろなチョウがよくやってくる。とくに目立つのは、はねの表が、青いとオス、黒いとメスの小さなチョウ、ヤマトシジミだ。このチョウの幼虫の食草は、カタバミという黄色い花を咲かせる野草だ。これが植え込みにたいてい生えているため、よく見る。

ちなみに、カタバミの葉を

2、3枚いただいて、それで汚れた10円玉を強めにこすると、鋳造したてであるかのように光り輝く。この植物にはシュウ酸が多く含まれ、それが汚れを落とすのだ。硬貨表面の宇治の平等院鳳凰堂の、ビフォーとアフターを見せ、子どもたちを驚かせよう。

キバナコスモス、低木のハナゾノツクバネウツギが咲いていれば、イチモンジセセリ、ツマグロヒョウモンなどのチョウや、オオスカシバ、ホシホウジャクなどのガが集まってくる。そして、それらを狙うオオカマキリ、ハラビロカマキリなどもやってくる。大通り沿いでも、カマキリ観察ができるのだ。カマキリの多くは、飛ぶこともできる。大きな体で植物すれすれに飛んでいく姿は、ゴジラの天敵、キングギドラが、看板などを巻き上げながら街の建物すれすれを飛んでいく光景を思い起こさせる。

人間に発見されたタヌキやハクビシンなどが一時的に身を潜めるのも、植え込みだ。

空

校庭から見上げる空、山頂から眺める空、船上から見る空、オフィスの窓越しの空など、空にもいろいろとある。大きな道路の上にも、もちろん空はある。そして、そこにも、たくさんの生き物が通るのだ。

道路上の空は、安全のため、歩道や歩道橋の上から眺めてほしい。5分も経たないうちに、ハシブトガラス、ドバト、キジバト、ヒヨドリ、スズメなど、いろいろな鳥が通るだろう。近くに川や海などがあれば、水鳥もよく通る。カルガモは、たいてい1、2羽で、ユリカモメやカワウは、たいてい数羽から数十羽の群れで通る。また、近所に学校やむかしながらの商店街などがあれば、そこで営巣中のツバメも飛び交う。下は自動車やオートバイの幹線道路、上は鳥の幹線道路というところだ。

ところで、渡り鳥は、大きな川を目印に、海から陸地奥へ向かったり、逆に陸地奥から海に向かったりすることがわかっているが、私は、幹線道路、とくに南北に走るそれも、渡り鳥の移動の目印になっていると思っている。事実、それに沿って移動中のいろいろな渡り鳥を、見たことがある。街の大きな道路の上空は、外国と日本を結ぶ、渡り鳥の道の一部でもあるのだ。

鳥のほかには、チョウ、トンボなどの昆虫もよく通る。とくにトンボは、路面や自動車の屋根などを、水面と誤認することが多いようで、それらが光り輝く晴れた日中は、かなり集まってくる。大きな目を持つトンボは、さぞかし何でもよく見えると思われがちだが、屋根のない駐車場にとめてある自動車のボンネットや、芝生広場に広げられたブルーシートに産卵してしまうことも少なくない。産んだとたんにゆで卵になってしまうのではと心配になる。

林間を通る大きな道路の上の空を、夜間、ムササビが滑空することもある。

並木

ひとことに並木と言っても、いろいろな種類の樹木が植え

られている。私のホームグラウンドの東京に多いのは、ケヤキ、ハナミズキ、ソメイヨシノ、イチョウなど、北海道に多いのはナナカマドなど、九州に多いのはクスノキなどだ。また、何種類かの樹木が混栽されている場所も、ときおり見かける。並木は野鳥を中心にいろいろな生き物が通るが、それらのラインナップは、樹種、季節、時間帯などで大きく変わる。

　ケヤキ、ソメイヨシノの並木の主役は、セミだ。これらは、東京などの場合、多くのセミが集まるツートップと言える。ニイニイゼミ、アブラゼミ、ミンミンゼミなどは、そこで、樹液を吸うだけでなく、交尾、産卵もする。よく見ると、幹や枝に抜け殻がいくつもついているのが何よりの証拠だ。

そしてそれらのセミを食べるために、日中は、ヒヨドリ、スズメなどの野鳥も頻繁に姿を見せる。ハシブトガラスは、そこで営巣していることも多い。

雄木と雌木のそろったイチョウ並木では、イチョウの果実、つまりギンナンがたくさんなる。すると、それを食べるためにに、タヌキやアライグマなどがやってくる。イチョウ並木の近くの地面にあるタヌキのため糞には、イチョウの種が山ほど混じっていることも多い。ギンナンが臭いのは、そもそも、哺乳類を呼ぶためだ。食べて、糞とともに種をあちこちに落としてもらうのだ。目で餌を探す鳥と違い、主に鼻でそれを探す哺乳類をターゲットにしているのだ。

伊豆大島では、オオシマザクラの並木を、主に花や蕾を食べるために、外来種のタイワンザルの群れが移動する。島の観光資源のひとつを食い散らかされるのだから、島民はたまったものではない。

道路標識

道路標識が歩道のわきなどに立っていたら、ぜひ、看板部分とポール部分を、しっかりと観察してほしい。細いジグザグの線がいくつもついているはずだ。これらは、ほかのページでも書いたように、ナメクジやカタツムリが這い回りながらカビなどを食べたあとだ。その

線が細ければ小さい個体、太ければ大きい個体である。さらによく見ると、やはり同じような場所に、テカテカと光る細い線もあるだろう。これらは、ナメクジやカタツムリが、単に移動したあとだ。体の滑りをよくするために出した粘液が乾燥したものだ。見えにくい場合は、見る角度を変えてみよう。道路標識ではないが、路線バスの停留所の時刻などの記された部分などにも、同じようなものがよくある。

別の視点になるが、道路標識

は、その近くをよく横切る生き物の種類も教えてくれる。正しくは、「動物が飛び出すおそれあり標識」というこの標識には、生き物のシルエットが描かれており、その下に動物注意の文字がある。もちろん、生き物が飛び出すかもしれないので注意して通るようにという意味なのだが、問題は、そこに描かれているシルエットの生き物の種類だ。シカ、サル、イノシシなどの哺乳類ばかりでなく、ツルなどの鳥やカメなどもある。そこによく出てくるもののシルエットが描かれているのだ。ビル街では、圧倒的にタヌキが描かれているものが多い。タヌキは都会にもたくさんいるのだ。このような標識は、高速道路にもよくある。ドライブをしながら、「ああ、このあたりにはこんな生き物がいるんだなあ」などと思うのも楽しい。

防護柵

歩道と車道の境目には、安全面に配慮して、車両用防護柵や歩行者自転車用柵がついている。その中で、車両用防護柵であるガードレールに注目したい。ガードレールは、主に、ビームという横板と支柱でできている。ビームは、普通、波形断面になっている。これは、自動車などがぶつかったとき、双方の損傷をできるだけ軽くとどめる効果があるからだ。そして、ガードレールの切れ目にあるビームが内側に曲がっている部分をとくに袖ビームという。

まず「ガードレールの顔」とも言うべきビームだが、少し古いものになると、広範囲に汚れショウなどのヘビが入り込むことがある。

野生生物は、人工的なものを嫌うイメージが強いが、私はむしろ、それらをうまく利用しているケースのほうが多いと思う。屋外に一定期間放置されているほぼ全ての人工物は、何らかの生き物の通り道になっていると考えてもよいのではないか。そういう気持ちで、そのような人工物をチェックする習慣をつけると、思わぬ大発見につながるかもしれない。

ぞいてみると、高い確率で、クモの仲間が網を張っている。雨風を避けやすく、外敵にも見つかりにくいこの場所は、「好物件」なのだろう。また、ここには、ミノガの幼虫などのいわゆるミノムシも、よくついている。近隣から幼虫の姿で這ってきて、ここで蛹になったチョウやガもいる。

支柱は、上ぶたが取れたもの、あるいは、最初からないものに注目しよう。ここの穴は、シジュウカラなどの野鳥が営巣に使うことがある。さらに、その卵やひなを狙い、アオダイたような部分があり、そこにミミズのような模様がついていることがある。汚れのようなものはカビで、それらをカタツムリやナメクジが食べると、ミミズのような模様ができる。このあとは、街にあるいろいろな物についているが、中でもガードレールにはかなり多い。そして、ビームの上のへりは、ニホンカナヘビ、ヒガシニホントカゲなどトカゲの仲間がスピーディーに歩く。人間のハイウェイのわきに、野生の生き物のハイウェイがあるのだ。

袖ビームの内側は、上からの

9章 大きな橋

手すり
P173
船の上
P179

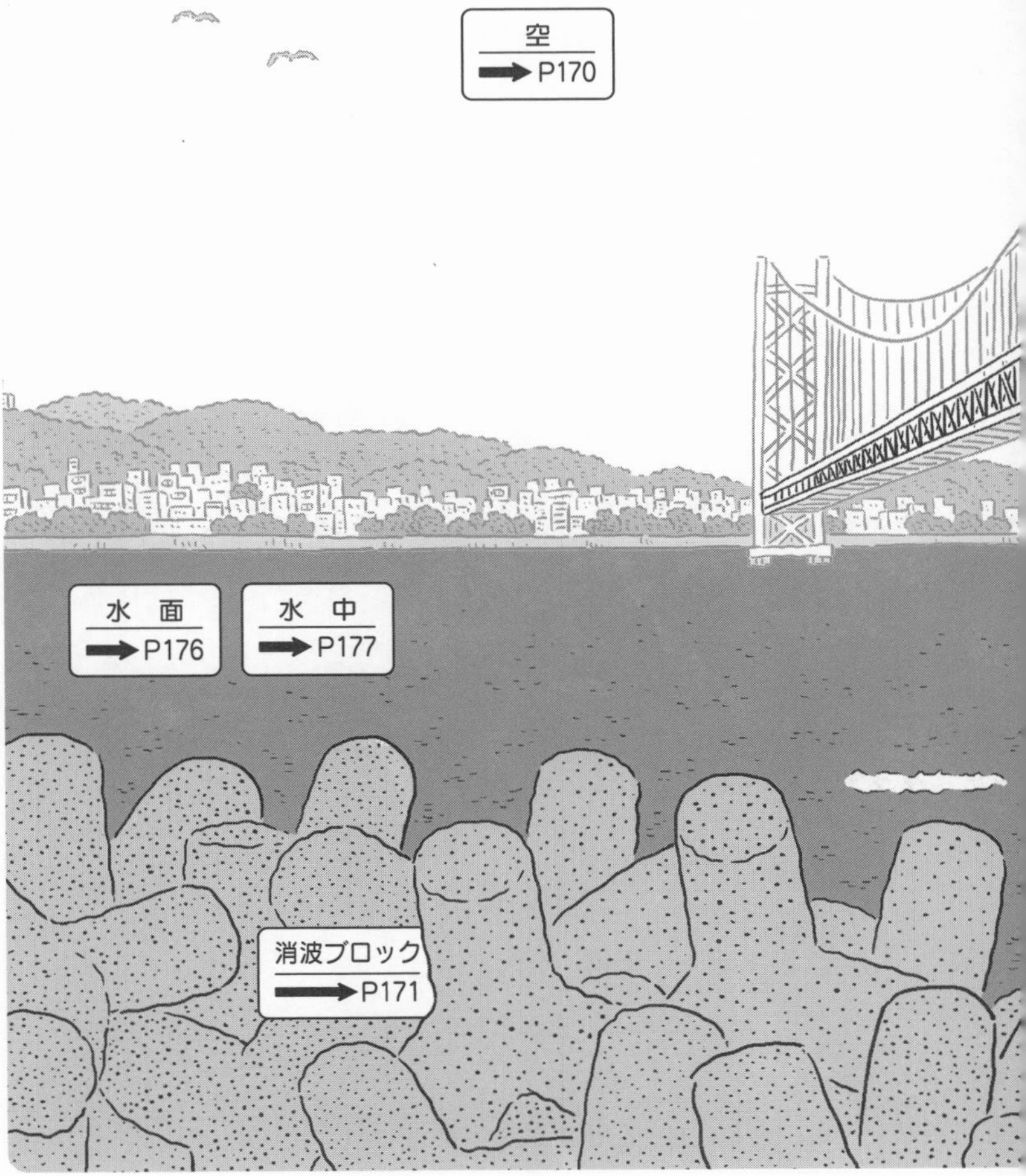
空
P170
水 面
P176
水 中
P177
消波ブロック
P171

空

東京の「レインボーブリッジ」、「横浜ベイブリッジ」など、大都会の海や川などにかかる大きな橋や、鉄道の橋の上の空にも、生き物の道がある。歩道や休憩スペースなどがあり、橋の上から眺めることのできる場所と、自動車、列車、船などで通過することしかできない場所がある。後者の場合は、近くの陸上から、双眼鏡を使って眺めるといいだろう。

大きな橋の上の空は、地上や水面からかなり高い位置になるので、そこを通過するのは、主に鳥だ。中でも一番よく見かけるのは、カワウだ。よく似たウミウというものもいるが、たとえその橋が海にかかっていても、そこを通るのはカワウのほうが多い。多くの都会には、カワウがたくさん暮らしているからだ。遠くから見ると全身が黒いせいか、カラスと思う人も多いようだ。しかし、カラスより明らかに首が長いので、少しなれれば、簡単に見分けがつくようになるだろう。カワウは、1、2羽で通ることもあるが、群れで通ることもある。

冬場は、群れが大きくなり、200羽ぐらいの編隊飛行も見られる。編隊の形は、横一列、縦一列、V字など、さまざまだ。ちなみに、カワウがたくさんいるということは、そのあたりに、餌となるボラなどの魚もたくさんいるということだ。ウは魚を丸呑みにする。「鵜呑み」の語源だ。そして、その場合、基本的に魚の頭から呑む。尾から呑むと、鱗が逆立ち、呑みにくいのだ。

大きな橋の上の空は、ユリカモメやウミネコなどのカモメの仲間、トビ、ハヤブサ、ミサゴなどの猛禽類も、通る。ハヤブサは、そこを狩り場にもしている。主にドバトやヒヨドリぐらいの鳥を、狙う。近代的な建造物の上で、野生生物のハンティングが日常的に展開されているのだ。空からハヤブサに襲われた鳥の鮮血のついた羽毛が降ってくることもある。

消波ブロック

「消波《しょうは》ブロック」、「消波根固《しょうはねがため》ブロック」、「波消《なみけ》しブロック」と

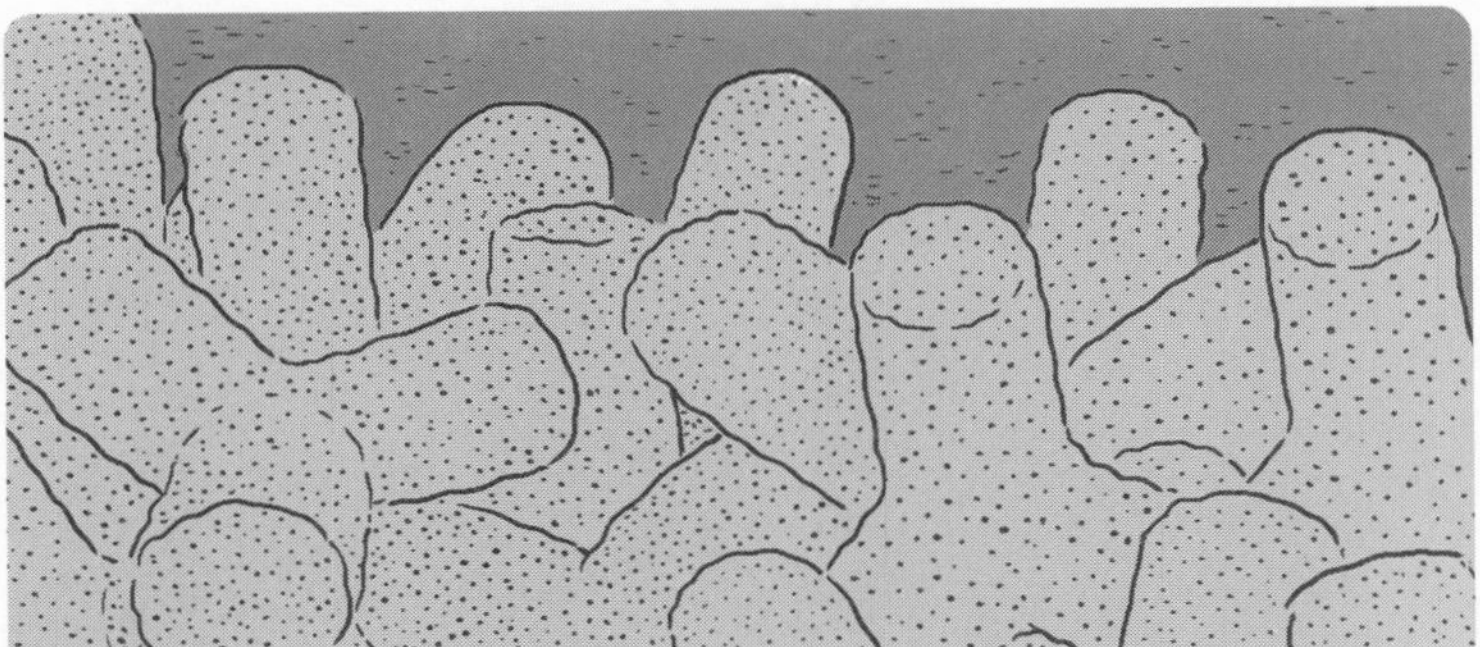

は、名前の通り、波などから、海や川の護岸を守るためのコンクリートブロックのことだ。「テトラポッド」とも呼ばれるが、これは、日本の建設業者である株式会社不動テトラの商標登録となっている。これが、一般に「消波ブロック」を指す言葉として広まっているのだ。ヤマハの「エレクトーン」、ニチバンの「セロテープ」と同じような現象だ。歌手のaikoが2000年に発売した『ボーイフレンド』という曲の歌詞に「テトラポット」という言葉が出てくる。これが、彼女が『第51回NHK紅白歌合戦』に出場するとき、問題になったことがあるが、テトラポッドとテトラポットは別のものであるという判断で、歌詞を変えずに歌った。

ここでは、「消波ブロック」という言葉を使わせていただく。そして、この上や隙間、下にも、いろいろな生き物の道がある。

よく見かけるのは、イソヒヨドリだ。スズメとハトの中間ぐらいの大きさで、メスの色は渋い茶色系、オスは頭から背中にかけて、まるで深い海の色のような濃い青色だ。春から初夏にかけての繁殖期、オスは、「カップヌードル」、「ホットケーキ」、「トッポジージョ」などと聞こえる大きな声でさえずる。街の近くで延々と鳴き続けていると、どこかのBGMだと思ってしまう人も多いようだ。名前に磯という言葉がついているが、海辺だけでなく、かなり内陸の石切り場などにもいる。しかし、そのような場所にいてもおかしくはないのだ。イソヒヨドリの学名には、モンティコーラという言葉がついていて、それは「山にすむ」という意味なのだ。海岸に消波ブロックがいくつもあれば、たいがいこの鳥がいて、それらの上を行ったりきたりしている。

さらに、このイソヒヨドリの餌になるフナムシも、消波ブロックの上を集団で移動する。また、いろいろなカニも、消波ブロックの間を「自由通路」にしている。

手すり

大きな橋に歩道があれば、当然、転落防止などのための手すりがある。ここも、鳥をはじめ、いろいろな生き物の通路になっている。手すりであるのにも関わらず、あまり手を触れないほうがいい。なぜなら、そこには、かなり高い確率で、鳥の糞がついているからだ。

そして、その糞の多くは、ユリカモメのものだ。もともとこのような場所によくとまる鳥であることに加えて、ほめられた行為ではないが、手すり越しにユリカモメに食パンの耳などを与える人があとを絶たないからだ。「自分ひとりぐらいならいいだろう」、「ここのカモメちゃんは、私がお世話してるのよ」などと考えている人が、1か所に何人もいるのだ。人間になれやすいユリカモメは、そのうち、人の指から直接餌をとったり、空に放った餌を飛んだままキャッチしたりするようになる。この快感は、忘れられないらしい。地方の観光地に行くと、観光船でウミネコなどに餌をやることを売り物にしていたりもする。ユリカモメに餌を与え続ける人は、旅行先で、そんな経験をした人なのかもしれない。その結果、毎日、何十羽ものユリカモメが、朝から夕方まで橋の手すりにとまり、「スポンサー」を待つことになるのだ。手すりの上を歩き回ることもあるで、糞は、広範囲についていく。糞害、鳥が苦手の通行人へのプレッシャー、鳴き声の騒音化など、餌やり行為の問題点は数多いが、一番深刻なことは、野生生物が自ら餌をとる能力を錆びつかせてしまうことだ。とくにユリカモメのような渡り鳥は、

日本にいない期間も長い。繁殖地の大陸の広大な自然環境に、餌やりおじさんやおばさんなどが、あまりいるようには思えない。

大きな橋の手すりでも、橋のたもとのほうには、10月ごろ、山から街へ移動途中のアキアカネが、数えきれないほどたくさんとまって休んでいることがある。この場合、この場所は、道というより、パーキングエリアなのかもしれない。ちょうど人間の頭ぐらいの高さにとまったアキアカネと、目が合うこともある。

水面

大きな橋の下の海、湖、川などの水面は、遠いのでよく見えないが、双眼鏡を使うと、カモぐらいの大きさの生き物であれば、種類や数ぐらいはわかる。歩道があれば、橋の上から見ない場合は、近くの陸上から見よう。くれぐれも、ものを落とさぬよう気をつけてほしい。

このような水面によくいるのは、空を行き交うことも多いカワウ、ユリカモメ、ウミネコなどのほか、スズガモという海や河口に多いカモだ。ただし、基本的に冬鳥なので、見られるのは、11月ごろから4月ごろまでだ。スズガモという名前は、このカモが飛んでいるとき、鈴の音のような音がするからとも言われている。近くを飛んでいたら、ぜひ、聞いてみよう。主にイガイなどの貝を潜水して食べる。白黒のコントラストが明確なものがオス、全体にこげ茶色のものがメスだ。内陸の池などに多いよく似たキンクロハジロというカモがいるが、背中の色で見分けられる。背中が黒ければキンクロハジロ、灰色ならオスのスズガモだ。

クルーズ船のような船も通れるような場所であれば、運がいいと、イルカやクジラも姿を現すことがある。東京湾や大阪湾でも、ときおり目撃される。ほとんどの場合、迷い込んできたものだが、定期的に回遊してくるものもいるようだ。水面に不自然な波が立っているのを見つけたら、すぐ双眼鏡で確認しよう。意外な大物の第一発見者になれるかもしれない。イルカの場合は、数十頭、数百頭の群れのこともあるので、油断できない。生き物を高い確率で見つけるために、最も重要なことは、常に「いると思って見ること」。これは、長い間、生き物観察してきた私が辿り着いた結論だ。

さいごに、水面や地面と橋との間の空間も、カワウやウミネコなど、いろいろな生き物の通り道になっている。正確にはここも空なのかもしれないが、橋の高さが高ければ高いほど、見られる生き物の種類も数も増える。自動車や列車と立体交差して移動する生き物もいるのだ。

水中

さすがに大きな橋の下の水中は、橋の上や近くの陸地からはよく見えない。しかし、ボラに関してだけは、ふたつの方法で姿を見ることができ、生息を確認できる。あとは、ほんとうにたくさんの生き物が行き交うようすを想像して水面を眺めてほしい。

ボラは、いったいどのようにして、橋の上などから姿を見ることができるのだろう。まずは、ジャンプによってだ。ボラは、いろいろな理由から、よく、水中から水上へ跳ぶ。小さなものでは見えないが、大きなもののジャンプは、遠くからでもわかる。ときには80センチぐらいのものも跳ぶ。ジャンプのタイミングを知ることはできないが、1ぴき跳ぶのを目撃したら、そのあたりをしばらく眺めていれば、次々と、同じボラや別のボラがジャンプをし続けるので、かなりの回数の「ボラ・ジャンプ」が観察できるだろう。

ボラの姿を遠くから見るもうひとつの方法は、まず水面にいるカワウを探し、その行動に注目することだ。やがて、そのカワウは、突然水中に潜り、しばらくすると出てくるだろう。そして何回かに1回は、口に大きなボラをくわえている。ただ、素早く見なくてはならない。すぐに呑みこんでしまうからだ。

ボラのほかに水中にどんな魚などがいるのか、ただ想像しているのもおもしろいが、もう少し正確に知りたいときは、橋の下や近くで釣りをしている人に最近何が釣れたか聞いたり、クーラーボックスの中を見せたりしてもらうといい。東京のレインボーブリッジの下あ

たりでも、ボラのほか、スズキ、イワシ、ブリ、アナゴ、ウナギなど、ほんとうにいろいろな魚が釣れている。釣りをされる読者の方は、しばらくそこへ、釣りをしに通ってもいいだろう。

大きな橋の下の水中には、場所によっては、ウミガメがいて、ときおり水面に顔を出して泳いでいることもある。

船の上

船の上とは、文字通り、航行

中の船舶の屋根、デッキ、マストなどの上のことだ。そのような場所を使うのは、ほぼ100パーセント鳥だ。鳥が自ら動くのではなく、それらが乗った船が動くのだから、正確には、生き物の道ではなく、船の道だ。

鳥は、基本的に、とまれるものには何にでもとまる。とりわけ、とまる場所など皆無に近い広い水面では、そこを航行する船に、まさに「渡りに船」という感じで、ほとんどの鳥がとまる。水面に浮くことのできる水鳥でさえ、よくとまる。波にもまれながら、しかも、水中からの捕食者の攻撃に怯えながら、冷たい水の上にいるより、何倍も体が休まるに違いない。だから、船にとまる鳥の種類は、そのあたりの水面や空にいる鳥の種類と、かなり重なる。主に、カワウ、ユリカモメ、ウミネコ、ときおり、セグロカモメ、トビといったラインナップだ。どこからやってきたのか、そして、どこへ行くのか、ハシブトガラスが2、3羽とまっていることもある。

双眼鏡を使い、もう少し細かく観察してみると、意外なことに小鳥がとまっていることに気がつくこともある。そして、それらの多くが渡り鳥だ。鳥にとって、日本と外国とを大海を越えて行ききすることは、命がけのことである。事実、渡りの途中で、死んだり、衰弱したりする鳥はとても多い。私自身が、大きな橋の下あたりを航行中の船にとまっていることを見たことがある鳥は、春には、夏鳥である、ツバメ、オオヨシキリ、キビタキ、秋には、冬鳥である、ツグミ、ジョウビタキだ。ここから何がわかるかというと、夏を日本で過ごす夏鳥も、冬を日本で過ごす冬鳥も、日本から外国に向かうときではなく、外国から日本にくるときに、船にとまっていたのである。もうほんの少しで陸地に着くのだが、疲れ果て、船で羽を休めていたのである。海上に飛び立ったばかりの元気のあるときは、さすがにいきなり船で休んだりはしないのだろう。

以前、私は、とても心に残る出来事に遭遇したことがある。春、大きな橋の近くを通る船の手すりに、夏鳥のオオヨシキリがとまっていたのだが、その船は、今から外洋に出る客船だった。つまり、これからその鳥が向かう方向とは逆に進む船だったのだ。そのオオヨシキリは、そこまでしてとまらなくてはならないほど、疲れ果てていたのだろうか。

広い水面を進む船は、渡り鳥にとって、希望の光なのだ。

番外編

ドングリ
→P184

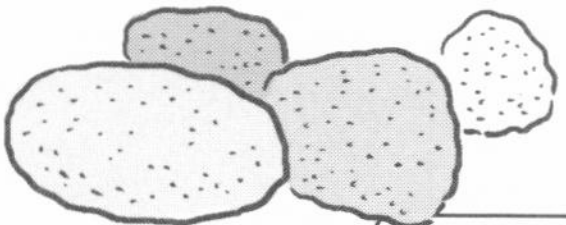

海岸の石
→P186

自動車
→P188

夜の電車
→P190

郵便受け
→P202

カレンダー
P192

セーター
P200

10章

野鳥の巣箱
P194

弾薬庫跡
P196

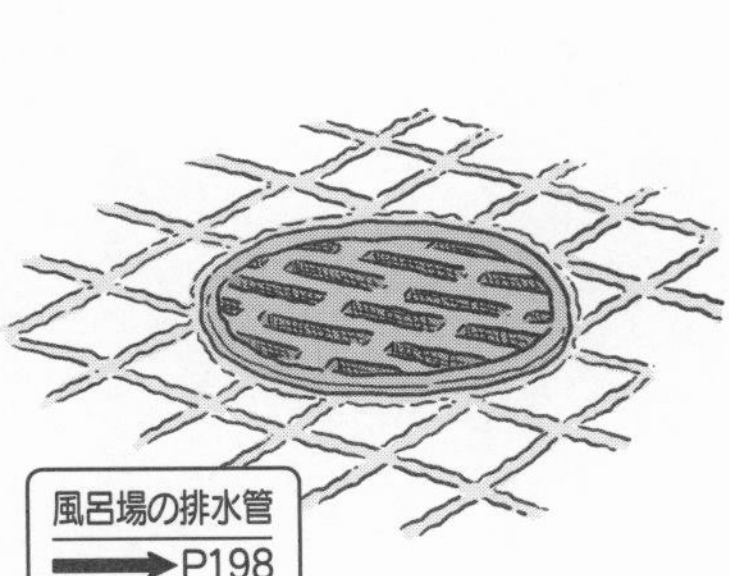

風呂場の排水管
P198

ドングリ

子どもたちに、「どんぐりころころ」の歌を歌ってと頼むと、「どんぐりころころ　どんぐりこ」と歌うことが多い。大人にきちんと習っていても、そのように歌う子が、私の体験では、10人中7、8人はいる。そのたびに、「どんぐりころころどんぶりこ」だよと伝えるのだが、しばらくして同じ子どもたちに会ってもう一度歌ってもらうと、また、「どんぐりころころどんぐりこ」に戻っている。

私は、長い年月、ほぼ日本全国をまわり、多くの子どもたちに接してきたが、いまだかつて、「ドングリが嫌いな子」に出会ったことがない。ダンゴムシの嫌いな子は、一定数いるのだが、ドングリの嫌いな子は、もしかしたら、日本には1人もいないのかもしれない。自分も、人間として、ドングリのような存在になりたいものだ。

しかし、大人には、「ドングリが嫌い」と言う人が、わりといる。理由は、たいがい、「虫が出てくるから」だ。確かに、林でドングリを20個ぐらい拾ってくると、それらの1、2個ぐらいに、爪楊枝が刺さりそうな穴が開いている。これが虫のしわざであることは、多くの人が察しがつくだろう。では、虫が入ったあとなのか、出たあとなのかと問われると、意見が分かれる。正解は、虫が出たあとだ。よくお母さんが子どもに、「穴の開いたドングリは拾っちゃだめ、虫が出てくるから」と注意しているが、虫が苦手なら、穴の開いたドングリのほうが、リスクは少ない。虫が出たあとだからだ。ただ、リスクが「ない」と言わず「少ない」と言ったのは、2、3びきと出てくることもあるからだ。

ドングリから出てくるのは、ゾウムシなどの幼虫だ。まだドングリが若いころ、メスが産卵管を内部に差し込み、卵を産む。やがて中で孵化した幼虫が、自力で外へ出てきて、蛹、成虫になるのだ。主にクリの実につくのがクリシギゾウムシ、主にコナラの実につくのがコナラシギゾウムシ、主にクヌギの実につくのがクヌギシギゾウムシ、などと、わかりやすい名前がついているものが多い。

海岸の石

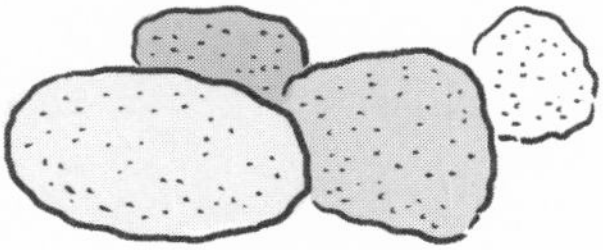

神奈川県横須賀市に、猿島という無人島がある。かつて軍事要塞として使われていた場所で、島内に、砲台跡、トンネルなど、いくつもの歴史的建造物が残っており、そこを巡るツアーが毎日のように行われている。しかし、私にとっては、「仮面ライダーの島」だ。『仮面ライダー』第80話「ゲルショッカー出現！仮面ライダー最後の日!!」（１９７２年）の回では、ここで、悪の秘密結社ゲルショッカーの結成式が行われたのだ。ただ、それよりもはるかに多くの人々が、１９８６年

に公開された、スタジオジブリの映画『天空の城ラピュタ』の聖地として認識している。この島の風景が、この作品のイメージに近いと、それこそ世界中のファンが、聖地巡礼に訪れる。

私は、自然観察の講師として、お客さまを連れて、年に何度もこの島に上陸するのだが、船着場近くの海岸で、いつも、「ロボット兵の頭」に似たものがいくつも転がっているのを目にする。大小さまざまな岩石に、まるでボーリングのボールの指を入れる穴のようなものが、いくつも開いているのだ。

これは、イシマテという2枚貝の一種が開けた穴だ。穴の中をのぞくと、中にそれがいることも多い。しかし、この貝は、このような硬いものに、どのようにして穴を開けるのだろう。じつは、ある種の化学物質を出して、岩石を溶解、または、軟弱化させ、それを可能にしているのだ。巣穴の中で、イシマテは、足糸《そくし》という糸のようなものを出して体を固定しているので、取り出すのはかなり難しい。このようにして、巣穴に留まることで、外敵から身を守っているのだ。

ちなみにイシマテは、小さな煙突のような形をした水管《すいかん》という部分から、海水を吸い込む。そこに含まれる有機物を食べているのだ。

身近な海岸に普通にいるので、ぜひ、観察してほしい。イシマテは、生き物の通り道は地球の至るところにあるということを、改めて教えてくれる。

自動車

　生き物は、ほんとうに予想外の場所を通ることがある。およそ自然界と無縁と思われる場所も、頻繁に利用する。

　驚いたことに、自動車も、いろいろな生き物の通り道になっている。開いていた窓や、開閉時のドアから入ってきたと考えられる、カ、アブ、ハチなどを追い出す苦労をした経験がある読者の方も多いことだろう。私は、タクシーに乗っているとき、恐ろしいキイロスズメバチの働きバチが車内に飛び込んできて、急いで路肩に車をとめてもらい、運転手さんといっしょに、必死で追い出したことがある。タクシーに乗るのも命がけである。この間、タクシーメーターをとめていただいていたことは、言うまでもない。

私の友人は、車体の裏側にフタモンアシナガバチというハチに巣を作られて、しばらく気がつかずにいたと言って、それを私に見せてくれた。すでに10ぴき以上の働きバチがいた。ということは、この巣は、「空飛ぶじゅうたん」ならぬ「走る巣」だったわけだ。1日の多くの時間、姿を消す巣を、ハチたちは、いったいどうやって維持してきたのだろう。おもしろいので、このままにしておこうという話になったのだが、彼の奥さんが、うっかり、もしかしたらわざと、この車を洗車場に入れてしまい、巣はあとかたもなくなってしまった。

知り合いのテレビディレクターは、さらに驚愕の事実を突きとめた。岐阜県の視聴者から「車のエンジンルームに、なぜか、柿の実が入っている」という連絡を受け取材を続けると、それをしたのが、テンだとわかったのだ。テンが近くの柿の木から柿の実を取り、車体の下の隙間からエンジンルームに侵入し、そこにそれを置いていたのだ。テンは体が小さく、ほかの生き物に餌を横取りされる危険があるので、それを安全な場所へ運んで食べる習性があるのだ。調べてみると、このような現象は、日本各地で起こっている。自動車内は、テンの通り道にもなっているのだ。

夜の電車

私は、生き物マニアであると同時に、鉄道マニアでもある。かつて、北海道の原野で国鉄Ｃ５７形蒸気機関車の撮影をしようと線路近くでカメラを構えて待っていて、目的の列車の音が大きくなってきたとき、近くの木にケアシノスリという珍しい野鳥がとまっていることに気がついた。なかなか近くから撮影できない渡り鳥だ。しかしＣ５７形蒸気機関車も、まさに「絶滅寸前」である。迷っているうちに、列車は目の前を通り過ぎ、その音に驚き、鳥も飛び去った。「二兎を追う者は

一兎をも得ず」という言葉を、このときほど痛感したことはない。

夜の電車内も、私にとっては、ふたつの大きな楽しみが同居するワンダーランドだ。車内のインテリアや車両の走行音を満喫しつつ、明かりに誘われて飛び込んできた生き物も観察できるのだ。もちろん私のような人間はごく少数派で、見ているスマートフォンの画面に突然落ちてきたコガネムシに思わず声をあげるサラリーマンや、耳元を通過するガに席を立つ学生などが続出する。私は、その光景を笑って見ているわけにもいかないので、無関心を装いつつ、心の中では「あっ、コフキコガネだ」などと興奮している。

夜の車両に生き物が多くいるのは、基本的に、郊外から都会を目指す上り電車だが、都会で折り返して下り電車になっても車両に居残る生き物が多く、先ほどのような光景がよく展開されるのは、車両の混む下り電車のほうだ。東京では、京王電鉄、高尾山口駅で、夜間、車両の明かりが煌々と灯されている。始発駅であるため、ドアを開けて長い時間とまっているのだ。その車両に、昆虫を中心とした生き物がたくさん集まってくる。まわりは、日本を代表する昆虫生息地のひとつ高尾山だ。カブトムシ、コクワガタ、大きなガであるオオミズアオなどもやってくる。さらに、小さな昆虫を追って、ニホンヤモリ、ニホンアマガエルなども入ってくる。みな「無賃乗車」だ。これらが、日本を代表する大ターミナル、新宿駅を目指すのだからたまらない。

現代、生き物の分布拡大に、「夜の電車」はひと役もふた役も買っているのだ。

カレンダー

仕事がら、日本全国へ行く。そして、山あいの定食屋などによく入り、食事をする。そのような店には、壁にカレンダーがかかっていることが多い。それが、けっこうな確率で、去年のものなのだ。一度、8年も前の黄ばんだカレンダーがかかっていたことがあって、おなじみの水玉模様の湯呑み茶碗に入ったお茶を運んできたおばあさんに、そのわけを尋ねたことがある。すると、「あら、まあ、忘れてた」という答えが返ってきた。忘れ過ぎである。

定食屋に限らず、しばらくか

けたままにしてあるカレンダーに覆われた壁には、ニホンヤモリ、ナミテントウ、クサギカメムシなどがよくいる。冬であれば、20ぴきぐらいのテントウムシの仲間が集まって、越冬していることもある。

テントウムシの仲間は、世界で約6000種、日本だけでも約180種確認されている。それらの中で、ナミテントウは、名前に「並」とついていることからもわかるように、ごく普通に見られる種類だ。ほぼ日本全国に分布し、学校の校庭、街の児童公園など、身近な場所にもよくいる。カレンダーに覆われた壁でよく見つかるのも、これだ。

ナミテントウは、遺伝的斑紋多型がある。簡単に言うと、色や模様の変化に富んでいて、大きく、二紋型、四紋型、まだら型、紅型の4型に分かれる。しかし、それぞれの間に、移行型と呼ばれる中間タイプがあり、さらに、まれに、緑黒型、横帯型も見つかって、じつにややこしい。また、北へ行くほど紅型が多くなる。

だから、カレンダーに覆われた壁に20ぴきぐらいのテントウムシの仲間が集まっていて、いろいろな色や模様のものが混在していても、それらは全てナミテントウであることも多いのだ。

カレンダーと同様に、長い間かかっている時計の裏側の壁も、生き物の楽園だ。そして、寺社、古い旅館などで見かける黒い柱時計は、時計自体に、同じような色をしたムカデの仲間がとまっている場合もあるので、要注意である。

野鳥の巣箱

すべての野鳥が巣箱を利用しているわけではない。人間のかけた巣箱を利用するのは、基本的に、樹洞性と呼ばれる、木の穴や隙間で営巣するタイプの野鳥だけだからだ。身近な場所にいる具体的な種類としては、スズメ、シジュウカラ、ムクドリなどである。自然界には、そのようなタイプ以外の野鳥もたくさんいて、自然破壊の進んだ現在、それらにとっては、相変わらず「住宅難」となっている。

巣箱を使うのは、先ほどあげた野鳥ばかりではない。春から初夏にかけ、巣箱の中に、野鳥の卵があったり、ひながいたりするときは、アオダイショウがやってくるのだ。いくら親鳥が騒いでも、2メートル近いヘビにはかなわない。小さな巣箱の中へ、体を折り曲げて入り込み、やがて、体の一部を大きくふくらませて出てくるのだ。この光景を見ている人間は、野鳥に加担してはならない。アオダイショウも野鳥同様、自然界で懸命に生きていかなくてはならないのだ。「自然界で起きたことは、自然界の成り行きにまかせる」。これが正しい選択だ。

スズメバチの仲間も、野鳥用の巣箱を利用する。働きバチが頻繁に出入りするのを見かけたら、中にハチの巣ができているかもしれないので、注意しよう。これればかりは、早めに駆除業者を呼び、対処したほうがいい。人が刺されてからでは遅いのだ。真冬に中を掃除して、来シーズンに備えることが、巣箱の管理上、重要なのだが、このとき、中いっぱいに広がったスズメバチの仲間の古巣を発見し、驚くことも多い。

ニホンヤモリ、カメムシの仲間、テントウムシの仲間などは、越冬のため、よく野鳥の巣箱を使う。大きなムカデの仲間が冬越ししていることもあるので、取り扱い注意だ。

ここに登場した生き物の多くは、巣箱が古びてきたころ、よくやってくる。真新しい木材、接着剤のにおいなどを嫌うからだ。「新築が好き」などと言うのは人間ぐらいなのだ。

弾薬庫跡

東京都町田市と神奈川県横浜市にまたがる広大な敷地を持つ「こどもの国」に、私は大人だが、よく行く。主に、自然観察イベントの講師を務めるためだ。この地は、かつて、東京陸軍兵器補給廠《しょう》田奈部隊・同填《てん》薬所だった。約３０００人が、地雷、対戦車砲、手榴弾、高射砲、野戦重砲などの砲弾を製造していた。そして現在も、10数基の弾薬庫跡が残っている。私は、以前、許可をいただいて、この中へ入ったことがある。目がなれてきたとき、暗い部屋の天井や壁に、数

えきれないほどのオオゲジがついていて、全身に鳥肌が立ったのを覚えている。

日本各地に残る弾薬庫跡は、普通、中へは入ることができないが、奥まった入り口の扉の前までは、行くことができる場合が多い。この範囲にも、いろいろな生き物の通り道がある。

まず、中へ続く穴や隙間があれば、ドブネズミ、クマネズミなどのほか、穴の大きさにもよるが、テン、タヌキ、ニホンアナグマ、キツネ、ハクビシン、アライグマなども通る。それらは、室内で、子育てをしているかもしれない。そして、扉の表面や、そのまわりの天井、地面、壁などを、とくに夜間、アシダカグモ、トビズムカデ、オオゲジなどの「モンスター」が歩き回るだろう。さらに、ほぼ1日中、ミステリアスな姿のザトウムシの仲間が集団でいる。また、雨が降れば、ナメクジやカタツムリが這い回り、私の大好きなコウガイビルも現れるに違いない。

弾薬庫跡は、基本的に立ち入り禁止であることが多いので、無許可で侵入などは絶対にしないでほしい。場所によっては、イベントとして、内部ツアーを行っているので、そのような機会があればぜひ参加して、ふだんは見ることのできない生き物の通り道を発見しよう。先ほど書いた通り、中へ入らなくても、入り口周辺でも、ほんとうにいろいろな生き物の道が見つかるので、ご近所に弾薬庫跡があれば、ぜひ、訪れてみよう。

風呂場の排水管

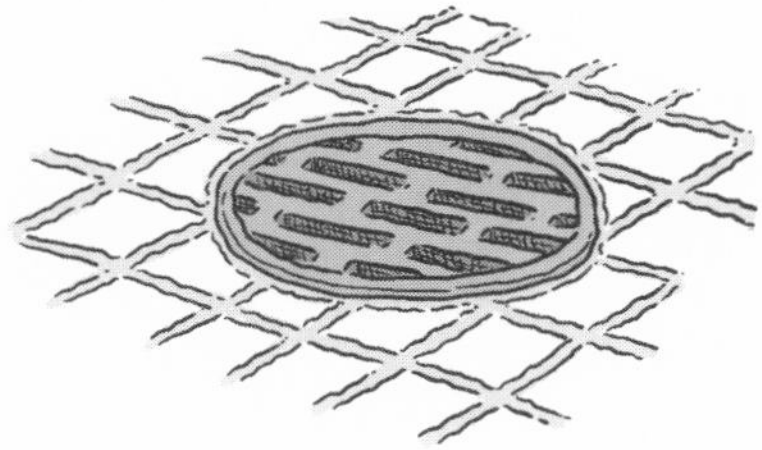

我が家は、東京の郊外、町田市にある。小さな庭には、タヌキもくるし、世界で日本にしかいないキツツキであるアオゲラもくる。かめにはった水には、よく、いろいろなトンボが産卵もしている。このように、大好きな生き物に囲まれて幸せに暮らしているのだが、自然が豊かなだけに、都会ではあまり体験できない事件も、ときどき起こる。風呂場に大きなトビズムカデが出現するのだ。大ムカデと裸で同室になることほど怖いことはない。私は、そのたびに、オールヌードで玄関へ

行き、庭仕事用に使っているトングを手に風呂場へ戻り、ムカデをつかんで窓から外へ出す。もし、誰かがそのドアを開けて、そこに丸裸の男がトングを持って立っていたら、さぞかし肝をつぶすことだろう。

我が家の風呂場にときどき現れるトビズムカデは、排水管を通ってやってくる。山のふもとに暮らしている友人に尋ねると、それは、ごく普通のことらしい。ほかに、ナメクジ、コウガイビル、アオダイショウの幼蛇《ようだ》もくると自慢していた。我が家でも、トビズムカデのほかに、オオゲジが現れたことがあるし、夜、電気をつけたとたん、クロゴキブリが猛スピードで排水管の中へ消えたこともある。入り口に目の細かい網をつけておけばいいのだろうが、そのままにしてある家もわりと多いようだ。

風呂場の排水管に限らず、街のいろいろな場所にある排水管は、じつにいろいろな生き物の通り道になっている。神田川のような川幅の狭い都市河川の、川に面した排水管から、よくタヌキが顔を出しているし、そのような場所を通路にしているドブネズミ、クマネズミもたくさんいる。水が流れることがほとんどないものであれば、ドバトの営巣場所にもなっている。それが海の近くであれば、クロベンケイガニなどのカニのすみかにもなっている。

排水管は、大小さまざまな生き物の、「大トンネル」なのだ。

セーター

昆虫には、舌をかみそうになるほど長い和名を持つものがいる。それらの中で、現在、長さナンバーワンは、22文字の「リュウキュウジュウサンホシチビオオキノコムシ」だ。この昆虫は、チビオオという、考えれば考えるほどややこしい名前であることにも注目してほしい。長さナンバーツーは、20文字の「チュウジョウクビアカモモブトホソカミキリ」だ。これも、ブトホソ、という矛盾した言葉が並ぶ。長さナンバースリーは、19文字の「セイタカアワダチソウヒゲナガアブラム

シ」だ。これは、都会にも多いセイタカアワダチソウにたくさんついている赤い小さな虫なので、見たことがある人もけっこういるだろう。かつては、「エンカイザンコゲチャヒロコシイタムクゲキノコムシ」という強者もいたが、現在ではこの名は使われていないようだ。

これらに比べればたいしたことはないが、ヒメマルカツオブシムシも、一度聞いただけでは覚えにくい名前の昆虫だ。日あたりのいい花壇のマーガレットやデイジーなど、大きめな白い花の上でよく見つかる、白と茶色のまだら模様が特徴の、体長2・5ミリ程度の小さな甲虫だ。名前に「カツオブシ」という言葉が入っているのは、鰹節が大好物だからだ。見かけはかわいらしいが、家庭に入ると大変なのだ。じつは、被害はこれだけにとどまらない。ほかの何種類かの昆虫とともに、セーターなどの衣類を食い荒らす。ヒメマルカツオブシムシは、食品害虫と衣類害虫のふたつの顔をあわせ持つ、スーパー家庭害虫なのだ。

この昆虫は、いったいどのようにして、室内にやってくるのだろうか。成虫には、はねがあるので、庭や近所の公園などに、白い大きめの花がたくさん咲いていれば、そこから飛んでくる。しかし、まわりにそのような場所が全くなくてもやってくる。この場合は、屋外に干してあった白い洗濯物に、白いものに集まる習性を持つこの虫がついていて、それを取り込むときに部屋に入ってくることが多い。

ヒメマルカツオブシムシは、セーターなどの衣類の上を縦横無尽に動き回り、それらを食い荒らす「クローゼットの暴走族」だ。

郵便受け

むかしながらの木製の郵便受けは少なくなったものの、郵便受けのない家や会社は、ほとんどないだろう。じつは、この外側と内側も、書類や手紙に混じって、いろいろな生き物の通り道になっているのだ。

小学生のころ、私は、よくゴマダラカミキリを捕まえた。あの満天の星空を背負ったような黒地に白い点を散りばめた色彩といい、ウルトラマンを倒したゼットンにも似たメカニカルな顔といい、ほんとうに魅力的な昆虫だ。毎夏、必ず2、3びきは見たが、その場所が少し変わっている。なんと、自宅の郵便受けの上なのだ。日中、飛び回っている途中で、とまりやすいのか、ここによく着地したのだろう。だから、当時、親に「新聞取ってきて」などと頼まれると、期待に胸をふくらませて、郵便受けへ向かったものだ。

　このように、郵便受けには、ほぼ偶然に昆虫などがとまることが多いが、はじめからそこを目指してやってくるものもいる。郵便物を入れる口が大きめで、開いたままになっているものは、中にニホンヤモリが入っていることがある。隠れ場所としていたり、小さな昆虫を食べにきたりするのだろう。旅行や出張などで長期間不在となり、郵便物をとめているときは、シジュウカラやスズメなどが、この中で、産卵し、ヒナを育ててしまうこともある。

　近くに草はらや水田などがあれば、外側に、ニホンアマガエルがとまって休んでいることもあるし、ハラビロカマキリが卵のうをつけることもある。また、それらを狙って、アオダイショウが絡みついていることもある。こうなると、手紙を取りにいくのも勇気がいる。

　今、年賀状を電子メールで出したり、新聞をとらない人が増えている。将来、民家や会社などの郵便受けが消滅してしまえば、そこにある生き物の道も、消滅してしまう。

おわりに

私は、待つことが好きだ。初めて会う憧れの人を待つ時間に、いろいろな思いを巡らせている。どんな顔で出迎えたらいいだろう、どんな服でくるのだろう、会った瞬間、長年抱いていた気持ちが、ほんのわずかでも壊れてしまったらどうしよう。こんな風に考えながら、街角で人を待っているどこか切ない時間が、じつに心地いい。

蒸気機関車がトンネルの奥から現れるのを待つ時間もそうだ。かすかなドラフト音が聞こえたり、ヘッドライトの光がほんのり見えたり、気のせいかもしれないが、煙の香りが鼻に届いてきたりすると、涙が出てくるほど興奮する。

生き物との付き合いは、ほぼ「待つ」ことに尽きる。ムササビが大木の穴から顔を出す瞬間を、カワセミが水面から出た杭に止まる瞬間を、ノコギリクワガタが仕掛けたトラップにやってくる瞬間を、今まで何回待っただろう。そして、それらの時間は、いつも胸が高鳴っている。もちろん、目的の生き物が姿を現し、それを観察している時間もいいが、待つ時間のすばらしさにはかなわない。

読者の皆さまにも、安全を確保し、迷惑にならない範囲で、ぜひ生き物を「待つ」楽しみを知ってもらいたい。ひとつでも多くの「生き物ハイウェイ」を発見し、そこを通るであろう生き物を、待ってほしいのだ。これは、癖になる。場合によっては、すてきな喫茶店で、コーヒーを飲みながら窓越しに待つのも、昭和時代の刑事ドラマの張り込みシーンのように、自動車の中であんパンをかじりながら待つのも悪くないだろう。

今の世の中は、待つことが少なくなった。待ち合わせ場所に友だちが時間通り現れなくても、スマートフォンで連絡を取り合えばいいし、欲しいものがあれば、インターネットで購入し、早ければ即日手に入る。しかし、生き物はどうだろう。アポイントも取れないし、緊急連絡もできない。昔ながらの、待つ苦労と喜びが味わえるのだ。じつに貴重で贅沢な時間ではないだろうか。

最後に、全章にわたって素敵な絵を描きおろしてくださった中村一般さん、遊び心のあるデザインを組んでくださったデザイナーの窪田実莉さんに、この場所を借りてお礼申し上げます。ありがとうございました。

おまけ 執筆中に聴いていた音楽

4章

『Lester Swings』 Lester Young（レスター・ヤング）
『BOSSA RIO』 Bossa Rio（ボサ・リオ）
『Flossenengel』 Novalis（ノヴァリス）

5章

『MIDNIGHT SPECIAL』 Jimmy Smith（ジミー・スミス）
『Sings Jobim』 Eliane Elias（イリアーヌ・イリアス）
『neverstopdreaming』 Arttu Takalo（アトゥ・タカロ）

6章

『Brahms : Symphony No.2 / Weber : Oberon Overture』
Mravinsky / Leningrad Philharmonic Orchestra
（ムラヴィンスキー / レニングラード・フィルハーモニー管弦楽団）
『Sometime Ago』 Meredith d'Ambrosio（メレディス・ダンブロッシオ）
『FREE AS THE WIND』 The Crusaders（ザ・クルセイダーズ）

7章

『MOZART: SYMPHONIES NOS.40&41』 Marc Minkowski（マルク・ミンコフスキ）
『FRAMPTON FORGETS THE WORDS』 Peter Frampton Band（ピーター・フランプトンバンド）
『THE DEFINITIVE COLLECTION』 Tanya Tucker（タニヤ・タッカー）

8章

『TIBET』 Tibet（チベット）
『JUNKANOO』 Barbara Dennerlein（バーバラ・ディナーリン）
『MORE STUFF』 Stuff（スタッフ）

9章

『live in los angeles』 Solaris（ソラリス）
『RESTLESS NIGHTS』 Karla Bonoff（カーラ・ボノフ）
『in Copenhagen』 Teddy Wilson（テディ・ウィルソン）

番外編

『THE GREEN FIELD』 Steve Khan（スティーヴ・カーン）
『ウルトラセブン　ミュージックファイル』
『BLUE KENTUCKY GIRL』 Emmylou Harris（エミルー・ハリス）

おまけ

執筆中に
聴いていた音楽

人生の多くの時間を、生き物はもちろん、いろいろな音楽とも過ごしてきた。音楽を聴いていると、原稿を書くのも捗る。アーティストや曲目は、毎回、そのときの気分で選ぶので、書く内容に合わせているわけではない。しかし、書いていることと、歌詞やメロディーが、偶然にも突然スイングするときがある。今回も、何度か鳥肌が立つ瞬間があった。何の参考にもならないだろうが、趣深いことであるとも思うので、各章の執筆中に聴いていたアルバムをあげてみる。

1章

『CARNAVAL』 Spyro Gyra（スパイロ・ジャイラ）
『Beethoven・Symphony No.9』 Klaus Tennstedt（クラウス・テンシュテット）
『Terra Incognita』 Tribute（トリビュート）

2章

『QUE BOM』 Stefano Bollani（ステファノ・ボラーニ）
『Rocky Mountain Christmas』 John Denver（ジョン・デンバー）
『something else』 The Cranberries（ザ・クランベリーズ）

3章

『Piano』 Benny Andersson（ベニー・アンダーソン）
『Rain Forest』 Walter Wanderley（ワルター・ワンダレイ）
『BRIDGE TO THE PROMISED LAND』 Flamborough Head（フランボロー・ヘッド）

佐々木 洋（ささき・ひろし）
プロ・ナチュラリスト®。東京都出身、在住。プロフェッショナルの自然解説者として「自然の大切さやおもしろさを、多くの人々と分かち合い、そのことを通じて自然を守っていきたい」という思いのもと、国内外で自然解説を続けている。30年以上にわたり、40万人以上の人々に、自然解説を行う。著書に『都市動物たちの事件簿』（NTT出版）、『ぼくらは　みんな　生きている』（講談社）、『きみのすむまちではっけん！ となりの「ミステリー生物」ずかん』（時事通信社）など多数。NHKテレビ『ダーウィンが来た！』など出演。BBC（英国放送協会）動物番組アドバイザー。NHK大河ドラマ生物考証者。

中村 一般（なかむら・いっぱん）
イラストレーター。1995年東京都出身、在住。書籍の装画や漫画の執筆を中心に活動中。イラストレーション青山塾修了。漫画著書に『僕のちっぽけな人生を誰にも渡さないんだ』（シカク出版）、『ゆうれい犬と街散歩』（トゥーヴァージンズ）、作品集に『忘れたくない風景』（玄光社）。現在月刊漫画雑誌「ゲッサン」（小学館）にて『えをかくふたり』連載中。

生きものハイウェイ

2023年10月20日 初版第1刷発行

著者　佐々木 洋
絵　中村 一般

発行者　安在 美佐緒
発行所　雷鳥社
〒167-0043　東京都杉並区上荻2-4-12
TEL 03-5303-9766／FAX 03-5303-9567
http://www.raichosha.co.jp
info@raichosha.co.jp
郵便振替　00110-9-97086

装丁・デザイン　窪田 実莉
協力　小林 美和子
編集　甲斐 菜摘
印刷・製本　シナノ印刷株式会社

ISBN 978-4-8441-3799-3 C0045